冰冻圈科学丛书

总主编：秦大河

副总主编：姚檀栋　丁永建　任贾文

冰冻圈遥感学

李　新　车　涛　李新武等　著

科学出版社

北　京

内 容 简 介

本书从冰冻圈遥感原理、冰冻圈各要素的遥感监测方法和技术以及冰冻圈信息系统三大方面介绍了冰冻圈遥感学的内容，其具体内容由 6 章组成。第 1 章为冰冻圈遥感学概述，主要介绍冰冻圈遥感学的定义、发展简史，已有的用于冰冻圈监测的遥感平台和传感器；第 2 章根据不同的遥感类型介绍了冰冻圈遥感原理，包括可见光遥感、主被动微波遥感、激光雷达遥感等不同遥感方式；第 3～5 章分别描述了陆地冰冻圈遥感、海洋冰冻圈遥感及大气冰冻圈遥感的原理、方法，并给出了相应的研究案例；第 6 章从冰冻圈数据同化与冰冻圈信息系统两个方面概述了冰冻圈遥感的应用。

本书可供与冰冻圈科学、遥感学及其相关的科研和技术人员，以及大专院校的教师、研究生和高年级本科生参考使用。

审图号：GS（2020）1820 号

图书在版编目（CIP）数据

冰冻圈遥感学/李新等著. —北京：科学出版社，2020.6

（冰冻圈科学丛书 / 秦大河总主编）

ISBN 978-7-03-065505-9

Ⅰ.①冰… Ⅱ.①李… Ⅲ.①遥感技术–应用–冰川–测量 Ⅳ.①P343.6-39

中国版本图书馆 CIP 数据核字（2020）第 100740 号

责任编辑：杨帅英　白　丹/责任校对：何艳萍
责任印制：吴兆东/封面设计：图阅社

科 学 出 版 社 出版

北京东黄城根北街 16 号
邮政编码：100717
http://www.sciencep.com

北京建宏印刷有限公司印刷

科学出版社发行　各地新华书店经销

*

2020 年 6 月第 一 版　开本：787×1092　1/16
2024 年 4 月第五次印刷　印张：9 1/2
字数：230 000

定价：58.00 元
（如有印装质量问题，我社负责调换）

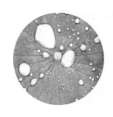

"冰冻圈科学丛书" 编委会

本书编写组

主　　笔：李　新　车　涛　李新武

各章作者：戴礼云　傅文学　胡斯勒图　黄春林

姬大彬　江利明　晋　锐　邱玉宝

冉有华　尚华哲　王亮绪　郑东海

技术编辑：戴礼云

丛书总序

习近平总书记提出构建人类命运共同体的重要理念，这是全球治理的中国方案，得到世界各国的积极响应。在这一理念的指引下，中国在应对气候变化、粮食安全、水资源保护等人类社会共同面临的重大命题中发挥了越来越重要的作用。在生态环境变化中，作为地球表层连续分布并具有一定厚度的负温圈层，冰冻圈成为气候系统的一个特殊圈层，涵盖了冰川、积雪和冻土等地球表层的冰冻部分。冰冻圈储存着全球77%的淡水资源，是陆地上最大的淡水资源库，也被称为"地球上的固体水库"。

冰冻圈与大气圈、水圈、岩石圈及生物圈并列为气候系统的五大圈层。科学研究表明，在受气候变化影响的诸环境系统中，冰冻圈变化首当其冲，是全球变化最快速、最显著、最具指示性，也是对气候系统影响最直接、最敏感的圈层，被认为是气候系统多圈层相互作用的核心纽带和关键性因素之一。随着气候变暖，冰冻圈的变化及对海平面、气候、生态、淡水资源以及碳循环的影响，已经成为国际社会广泛关注的热点和科学研究的前沿领域。尤其是进入21世纪以来，在国际社会推动下，冰冻圈研究发展尤为迅速。2000年世界气候研究计划推出了气候与冰冻圈核心计划（WCRP-CliC）。2007年，鉴于冰冻圈科学在全球变化中的重要作用，国际大地测量和地球物理学联合会（IUGG）专门增设了国际冰冻圈科学协会，这是其成立80多年来史无前例的决定。

中国的冰川是亚洲十多条大江大河的发源地，直接或间接影响下游十几个国家逾20亿人口的生机。特别是以青藏高原为主体的冰冻圈是中低纬度冰冻圈最发育的地区，是我国重要的生态安全屏障和战略资源储备基地，对我国气候、气态、水文、灾害等具有广泛影响，又被称为"亚洲水塔"和"地球第三极"。

中国政府和中国科研机构一直以来高度重视冰冻圈的研究。早在1961年，中国科学院就成立了从事冰川学观测研究的国家级野外台站天山冰川观测试验站。1970年开始，中国科学院组织开展了我国第一次冰川资源调查，编制了《中国冰川目录》，建立了中国冰川信息系统数据库。1973年，中国科学院青藏高原第一次综合科学考察队成立，拉开了对青藏高原进行大规模综合科学考察的序幕。这是人类历史上第一次全面地、系统地对青藏高原的科学考察。2007年3月，我国成立了冰冻圈科学国家重点实验室，是国际上第一个以冰冻圈科学命名的研究机构。2017年8月，时隔四十余年，中国科学院启动了第二次青藏高原综合科学考察研究，习近平总书记专门致贺信勉励科学考察研究队。此后，中国科学院还启动了"第三极"国际大科学计划，支持全球科学家共同研究好、守护好世界上最后一方净土。

当前,冰冻圈研究主要沿着两条主线并行前进,一是深化对冰冻圈与气候系统之间相互作用的物理过程与反馈机制的理解,主要是评估和量化过去和未来气候变化对冰冻圈各分量的影响;另一条主线是以"冰冻圈科学"为核心,着力推动冰冻圈科学向体系化方向发展。以秦大河院士为首的中国科学家团队抓住了国际冰冻圈科学发展的大势,在冰冻圈科学体系化建设方面走在了国际前列,《冰冻圈科学丛书》的出版就是重要标志。这一丛书认真梳理了国内外科学发展趋势,系统总结了冰冻圈研究进展,综合分析了冰冻圈自身过程、机理及其与其他圈层相互作用关系,深入解析了冰冻圈科学内涵和外延,体系化构建了冰冻圈科学理论和方法。系列丛书以"冰冻圈变化-影响-适应"为主线,包括了自然和人文相关领域,内容涵盖了冰冻圈物理、化学、地理、气候、水文、生物和微生物、环境、第四纪、工程、灾害、人文、地缘、遥感以及行星冰冻圈等相关学科领域,是目前世界上最全面系统的冰冻圈科学丛书。这一丛书的出版,不仅凝聚着中国冰冻圈人的智慧、心血和汗水,也标志着中国科学家已经将冰冻圈科学提升到学科体系化、理论系统化、知识教材化的新高度。在这一系列丛书即将付梓之际,我为中国科学家取得的这一系统性成果感到由衷的高兴!衷心期待以丛书出版为契机,推动冰冻圈研究持续深化、产出更多重要成果,为保护人类共同的家园——地球,作出更大贡献。

白春礼院士

中国科学院院长

"一带一路"国际科学组织联盟主席

2019 年 10 月于北京

丛书自序

　　虽然科研界之前已经有了一些调查和研究，但系统和有组织的对冰川、冻土、积雪等中国冰冻圈主要组成要素的调查和研究是从 20 世纪 50 年代国家大规模经济建设时期开始的。为满足国家经济社会发展建设的需求，1958 年中国科学院组织了祁连山现代冰川考察，初衷是向祁连山索要冰雪融水资源，满足河西走廊农业灌溉的要求。之后，青藏公路如何安全通过高原的多年冻土区，如何应对天山山区公路的冬春季节积雪、雪崩和吹雪造成的灾害，等等，一系列亟待解决的冰冻圈科技问题摆在了中国建设者的面前，给科技工作者提出了课题和任务。来自四面八方的年轻科学家们，齐聚在皋兰山下、黄河之畔的兰州，忘我地投身于研究，却发现大家对冰川、冻土、积雪组成的冰冷世界知之不多，认识不够。中国冰冻圈科学研究就是在这样的背景下，踏上了它六十余载的艰辛求索之路！

　　进入 20 世纪 70 年代末期，我国冰冻圈研究在观测试验、形成演化、分区分类、空间分布等方面取得显著进步，积累了大量科学数据，科学认知大大提高。1980 年代以后，随着中国的改革开放，科学研究重新得到重视，冰川、冻土、积雪研究也驶入发展的快车道，针对冰冻圈组成要素形成演化的过程、机理研究，基于小流域的观测试验及理论等取得重要进展，研究区域上也从中国西部扩展到南极和北极地区，同时实验室建设、遥感技术应用等方法和手段也有了长足发展，中国的冰冻圈研究实现了国际接轨，研究工作进入了平稳、快速的发展阶段。

　　21 世纪以来，随着全球气候变暖进一步显现，冰冻圈研究受到科学界和社会的高度关注，同时，冰冻圈变化及其带来的一系列科技和经济社会问题也引起了人们广泛注意。在深化对冰冻圈自身机理、过程认识的同时，人们更加关注冰冻圈与气候系统其他圈层之间的相互作用及其效应。在研究冰冻圈与气候相互作用的同时，联系可持续发展，在冰冻圈变化与生物多样性、海洋、土地、淡水资源、极端事件、基础设施、大型工程、城市、文化旅游乃至地缘政治等关键问题上展开研究，拉开了建设冰冻圈科学学科体系的帷幕。

　　冰冻圈的概念是 20 世纪 70 年代提出的，科学家们从气候系统的视角，认识到冰冻圈对全球变化的特殊作用。但真正将冰冻圈提升到国际科学视野始于 2000 年启动的世界气候研究计划-气候与冰冻圈核心计划（WCRP-CliC），该计划将冰川（含山地冰川、南极冰盖、格陵兰冰盖和其他小冰帽）、积雪、冻土（含多年冻土和季节冻土），以及海冰、冰架、冰山、海底多年冻土和大气圈中冻结状的水体视为一个整体，即冰冻圈，首次将冰冻圈列为组成气候系统的五大圈层之一，展开系统研究。2007 年 7 月，在意大利佩鲁贾举行的第 24 届国际大地测量与地球物理学联合会（IUGG）上，原来在国际水文科学协会（IAHS）下设的国际雪冰科学委员会（ICSI）被提升为国际冰冻圈科学协会（IACS），升格为一级学科。这是 IUGG 成立 80 多年来唯一的一次机构变化。冰冻圈科学(cryospheric science, CS)这一术语始见于国际计划。

在 IACS 成立之前，国际社会还在探讨冰冻圈科学未来方向之际，中国科学院于2007 年 3 月在兰州成立了世界上第一个以"冰冻圈科学"命名的"冰冻圈科学国家重点实验室"，7 月又启动了国家重点基础研究发展计划（973 计划）项目——"我国冰冻圈动态过程及其对气候、水文和生态的影响机理与适应对策"。中国命名"冰冻圈科学"研究实体比 IACS 早，在冰冻圈科学学科体系化方面也率先迈出了实质性步伐，又针对冰冻圈变化对气候、水文、生态和可持续发展等方面的影响及其适应展开研究，创新性地提出了冰冻圈科学的理论体系及学科构成。中国科学家不仅关注冰冻圈自身的变化，更关注这一变化产生的系列影响。2013 年启动的国家重点基础研究发展计划 A 类项目（超级"973"）"冰冻圈变化及其影响"，进一步梳理国内外科学发展动态和趋势，明确了冰冻圈科学的核心脉络，即变化—影响—适应，构建了冰冻圈科学的整体框架——冰冻圈科学树。在同一时段里，中国科学家 2007 年开始构思，从 2010 年起先后组织了 60 多位专家学者，召开 8 次研讨会，于 2012 年完成出版了《英汉冰冻圈科学词汇》，2014 年出版了《冰冻圈科学辞典》，匡正了冰冻圈科学的定义、内涵和科学术语，完成了冰冻圈科学奠基性工作。2014 年冰冻圈科学学科体系化建设进入到一个新阶段，2017 年出版的《冰冻圈科学概论》（其英文版将于 2020 年出版）中，进一步厘清了冰冻圈科学的概念、主导思想，学科主线。在此基础上，2018 年发表的 *Cryosphere Science: research framework and disciplinary system* 科学论文，对冰冻圈科学的概念、内涵和外延、研究框架、理论基础、学科组成及未来方向等以英文形式进行了系统阐述，中国科学家的思想正式走向国际。2018 年，由国家自然科学基金委员会和中国科学院学部联合资助的国家科学思想库——《中国学科发展战略·冰冻圈科学》出版发行，《中国冰冻圈全图》也在不久前交付出版印刷。此外，国家自然科学基金委2017 年资助的重大项目"冰冻圈服务功能与区划"在冰冻圈人文研究方面也取得显著进展，顺利通过了中期评估。

一系列的工作说明，是中国科学家的深思熟虑和深入研究，在国际上率先建立了冰冻圈科学学科体系，中国在冰冻圈科学的理论、方法和体系化方面引领着这一新兴学科的发展。

围绕学科建设，2016 年我们正式启动了《冰冻圈科学丛书》（以下简称《丛书》）的编写。根据中国学者提出的冰冻圈科学学科体系，《丛书》包括《冰冻圈物理学》《冰冻圈化学》《冰冻圈地理学》《冰冻圈气候学》《冰冻圈水文学》《冰冻圈生物学》《冰冻圈微生物学》《冰冻圈环境学》《第四纪冰冻圈》《冰冻圈工程学》《冰冻圈灾害学》《冰冻圈人文学》《冰冻圈遥感学》《行星冰冻圈学》《冰冻圈地缘政治学》分卷，共计 15 册。内容涉及冰冻圈自身的物理、化学过程和分布、类型、形成演化（地理、第四纪），冰冻圈多圈层相互作用（气候、水文、生物、环境），冰冻圈变化适应与可持续发展（工程、灾害、人文和地缘）等冰冻圈相关领域，以及冰冻圈科学重要的方法学——冰冻圈遥感学，而行星冰冻圈学则是更前沿、面向未来的相关知识。《丛书》内容涵盖面之广、涉及知识面之宽、学科领域之新，均无前例可循，从学科建设的角度来看，也是开拓性、创新性的知识领域，一定有不少不足，甚至谬误，我们热切期待读者批评指正，以便修改、补充，不断深化和完善这一新兴学科。

这套《丛书》除具备学术特色，供相关专业人士阅读参考外，还兼顾普及冰冻圈科学知识的目的。冰冻圈在自然界独具特色，引人注目。山地冰川、南极冰盖、巨大的冰山和大片的海冰，吸引着爱好者的眼球。今天，全球变暖已是不争事实，冰冻圈在全球气候变化中的作用日渐突出，大众的参与无疑会促进科学的发展，迫切需要普及冰冻圈科学知识。希望《丛书》能起到"普及冰冻圈科学知识，提高全民科学素质"的作用。

《丛书》和各分册陆续付梓之际，冰冻圈科学学科建设从无到有、从基本概念到学科体系化建设、从初步认识到深刻理解，我作为策划者、领导者和作者，感慨万分！历时十三载，"十年磨一剑"的艰辛历历在目，如今瓜熟蒂落，喜悦之情油然而生。回忆过去共同奋斗的岁月，大家为学术问题热烈讨论、激烈辩论，为提高质量提出要求，严肃气氛中的幽默调侃，紧张工作中的科学精神，取得进展后的欢声笑语，……，这一幕幕工作场景，充分体现了冰冻圈人的团结、智慧和能战斗、勇战斗、会战斗的精神风貌。我作为这支队伍里的一员，倍感自豪和骄傲！在此，对参与《丛书》编写的全体同事表示诚挚感谢，对取得的成果表示热烈祝贺！

在冰冻圈科学学科建设和系列书籍编写的过程中，得到许多科学家的鼓励、支持和指导。已故前辈施雅风院士勉励年轻学者大胆创新，砥砺前进；李吉均院士、程国栋院士鼓励大家大胆设想，小心求证，踏实前行；傅伯杰院士在多种场合给予指导和支持，并对冰冻圈服务提出了前瞻性的建议；陈骏院士和地学部常委们鼓励尽快完善冰冻圈科学理论，用英文发表出去；张人禾院士建议在高校开设课程，普及冰冻圈科学知识，并从大气、海洋、海冰等多圈层相互作用方面提出建议；孙鸿烈院士作为我国老一辈科学家，目睹和见证了中国从冰川、冻土、积雪研究发展到冰冻圈科学的整个历程。中国科学院院长白春礼院士也对冰冻圈科学给予了肯定和支持，等等。在此表示衷心感谢。

《丛书》从《冰冻圈物理学》依次到《冰冻圈地缘政治学》，每册各有两位主编，依次分别是任贾文和盛煜、康世昌和黄杰、刘时银和吴通华、秦大河和罗勇、丁永建和张世强、王根绪和张光涛、陈拓和张威、姚檀栋和王宁练、周尚哲和赵井东、吴青柏和李志军、温家洪和王世金、效存德和王晓明、李新和车涛、胡永云和杨军以及秦大河和杜德斌。我要特别感谢所有参加编写的专家，他们年富力强，都承担着科研、教学或生产任务，负担重、时间紧，不求报酬和好处，圆满完成了研讨和编写任务，体现了高尚的价值取向和科学精神，难能可贵，值得称道！

在《丛书》编写过程中，得到诸多兄弟单位的大力支持，宁夏沙坡头沙漠生态系统国家野外科学观测研究站、复旦大学大气科学研究院、云南大学国际河流与生态安全研究院、海南大学生态与环境学院、中国科学院东北地理与农业生态研究所、延边大学地理与海洋科学学院、华东师范大学城市与区域科学学院、中山大学大气科学学院等为《丛书》编写提供会议协助。秘书处为《丛书》出版做了大量工作，在此对先后参加秘书处工作的王文华、徐新武、王世金、王生霞、马丽娟、李传金、窦挺峰、俞杰、周蓝月表示衷心的感谢！

中国科学院院士
冰冻圈科学国家重点实验室学术委员会主任
2019 年 10 月于北京

前　言

冰冻圈是地球气候系统五大圈层之一，其组成包括冰川（含冰盖）、冻土、积雪、河冰、湖冰、海冰、冰架、冰山，以及大气圈内的冰晶和过冷水云、降雪、冰雹与霰。冰冻圈的变化与气候、水循环及生态系统的变化有密切的关系，不仅直接影响全球气候、海平面、湖水位和河流的变化，还会对生态与环境及人类活动产生影响，因此在地球科学和人类社会可持续发展中有着特殊的地位。

冰冻圈科学主要研究自然背景条件下组成地球冰冻圈的各要素形成、发育、演化规律，以及各要素之间相互作用的过程，研究冰冻圈各要素和整体与气候系统其他圈层之间的相互作用、转化和影响，研究冰冻圈与经济社会可持续发展之间的关系——特别是全球和区域冰冻圈变化的适应、减缓和对策。

冰冻圈各要素主要分布在高纬度和高海拔地区，开展地面观测较困难，难以布设高密度观测网络，而遥感科学和技术的发展为冰冻圈研究提供了新的手段。冰冻圈遥感是指采用非接触式观测手段，获取冰冻圈各要素的几何、物质和能量特性并进行分析的技术。目前，冰冻圈遥感手段涵盖可见光-近红外、热红外、微波、激光、无线电及重力测量遥感方法。遥感平台以卫星为主，并有一系列专门针对冰冻圈的遥感卫星。航空和地基遥感也是冰冻圈遥感的重要实验手段，近年来兴起的无人机遥感更是丰富了冰冻圈遥感手段。

冰冻圈遥感学主要研究内容包括陆地冰冻圈遥感、海洋冰冻圈遥感和大气冰冻圈遥感 3 个方面。其中，陆地冰冻圈遥感主要包括：①积雪遥感。采用可见光、近红外和热红外遥感获取积雪覆盖面积、亚像元积雪覆盖比例、积雪表面反照率、积雪粒径、雪表面温度；采用微波遥感进行积雪制图，反演积雪深度、雪水当量、积雪密度和雪湿度。②冰川和冰盖遥感。利用可见光-近红外遥感开展冰川编目；利用可见光-近红外的倾斜摄影测量法、合成孔径雷达干涉测量（InSAR）法、雷达高度计和激光雷达开展冰川地形测绘；通过可见光、近红外和合成孔径雷达（SAR）监测冰川带和雪线、冰舌末端及冰盖前缘变化、冰面湖及灰冰洞、冰裂隙和冰川表面冰碛、冰面运动速度等参数；利用无线电回波探测获取冰川厚度、冰下地形、冰层及底冰状况；采用可见光-近红外、热红外及激光获取冰川表面温度、辐射与物质平衡。③冻土遥感。采用主被动微波遥感监测地表及浅层土壤的冻融状态和冻融循环；利用可见光、近红外、热红外和合成孔径雷达进行冻土制图、冰缘地貌制图、多年冻土监测；利用摄影测量或合成孔径雷达干涉测量技术监测冻土形变,包括冻土的冻胀和融沉;应用探地雷达监测多年冻土分布、类型、特征、冻融界面、活动层厚度、地下冰的分布和类型、河流融区的分布和特征及活动层含水量。④河湖冰遥感。采用可见光-近红外和合成孔径雷达获取河湖冰密集度与面积;通过主被动微波遥感和无线电探测、监测河湖冰厚度;利用可见光-近红外和微波遥感手段监测河湖冰封冻和解冻日期;利用热红外遥感获取河湖冰温度;利用可见光-近红外和合成孔径雷达监测冰塞和凌汛灾害、冰川湖泊及其溃决洪水。

海洋冰冻圈遥感主要包括:①海冰遥感。采用可见光-近红外、主被动微波遥感和雷达高度计编制海冰图,包括海冰类型、海冰密集度、海冰厚度、冰间河与湖;通过可见光、近红外和热红外遥感获取海冰表面温度、冰面首次融化出现日、海冰区反照率、海冰区表面辐射平衡、海冰冰面热流交换;采用可见光-近红外、热红外及微波波段的时序图像监测海冰运动。②冰架遥感。采用 GPS 和无线电回波(RES)法、遥感坡度分析法和干涉差分测量法等方法探测接地线;利用多时相卫星遥感影像和干涉雷达测量冰架冰面流速和表面特征;将遥感与崩解冰山数据库结合进行冰山崩解及崩解速率监测;将 InSAR、GPS、高度计用于获取冰架底部融化信息;通过遥感影像特征提取方法获取冰架冰面湖及其时空动态变化信息。③冰山遥感。利用可见光和近红外、散射计、单极化雷达和交叉极化雷达可进行冰山编目及其漂移追踪监测。

大气冰冻圈遥感主要包括:①冰晶和过冷水云遥感。利用可见光和近红外波段的反射率数据反演冰云光学厚度和粒子有效半径;通过雷达遥感和光学遥感探测过冷水云。②降雪遥感。利用被动和主动微波遥感监测降雪。③冰雹与霰遥感。利用光学遥感识别过冷水云与冰雹,利用微波遥感获取冰云光学厚度和粒子有效半径、过冷水光学厚度与降雪。

本书旨在为相关领域的科研人员、研究生或本科生提供冰冻圈遥感教材,特别是使研究生能够系统而全面地了解遥感在冰冻圈科学中的应用原理、进展及前景。本书从冰冻圈遥感原理、遥感在冰冻圈各要素监测中的方法和技术及冰冻圈数据同化与信息系统 3 个方面系统地介绍冰冻圈遥感学的内容。本书共分 6 章,全书由李新、车涛、李新武提出写作目标、设计章节、进行多轮修改并统稿,由戴礼云担任技术编辑,负责校稿及全书的出版事宜。

第 1 章为绪论,主要介绍冰冻圈遥感学的定义、发展简史及已有的用于冰冻圈监测的遥感平台和传感器。本章由李新和车涛负责完成。

第 2 章为冰冻圈遥感原理,介绍了光学与红外遥感、微波遥感及其他遥感方式(包括重力测量、激光雷达测量和探地雷达)的基本原理。其中光学与红外遥感包括可见光-近红外遥感、热红外遥感和摄影测量;微波遥感中除了介绍微波遥感探测原理以外,还介绍了冰、雪及冻土的微波介电特性,微波辐射传输模型及散射模型,以及合成孔径雷达干涉测量。本章由车涛、李新、李新武、江利明、邱玉宝、冉有华、郑东海和戴礼云等完成。

第 3 章为陆地冰冻圈遥感,介绍了遥感在冰川(冰川地貌、冰川表面形态、冰川运动速度、冰体厚度和冰下地形、冰川能量平衡和冰川物质平衡、冰面湖和冰川表面河流、冰裂隙和冰川编目等)、积雪(积雪面积、积雪深度和雪水当量、积雪反照率及粒径)、冻土和表面冻融（冻土分布制图、表面冻融、冻土活动层、形变及冰缘地貌）及河湖冰（河湖冰范围、封冻和解冻日期、河湖冰厚度、河湖冰类型等）遥感方面的原理和应用案例。本章由车涛、李新武、邱玉宝、李新、冉有华、晋锐、傅文学、江利明和戴礼云等完成。

第4章为海洋冰冻圈遥感，介绍了遥感在海冰（海冰覆盖范围与密集度、海冰类型、海冰融池、海冰厚度、海冰运动、海冰表面能量平衡和海冰反照率）、冰架（触地线、冰面流速和表面特征、崩解速率、冰架底部融化和冰面融水）及冰山（冰山编目和漂移追踪）监测方面的原理和应用案例。本章由李新武、邱玉宝和傅文学完成。

第5章为大气冰冻圈遥感，介绍了冰晶和过冷水云、降雪、冰雹与霰的遥感监测原理和应用案例。本章由胡斯勒图、尚华哲和姬大彬完成。

第6章为冰冻圈数据同化与冰冻圈信息系统，从冰冻圈数据同化和冰冻圈信息系统两个方面概述了冰冻圈遥感的应用，介绍了冻土活动层遥感数据同化、积雪遥感数据同化及海冰遥感数据同化的方法和典型案例，并详细列出了已有的冰冻圈信息系统，为研究生或科教人员提供冰冻圈科学数据的有关信息。本章主要由李新、黄春林和王亮绪完成。

冰冻圈遥感学作为冰冻圈科学体系中的一个重要分支，是相关人员在整个冰冻圈科学体系框架下重新进行学科梳理和组构而成的。该学科是冰冻圈科学体系中其他分支（如冰冻圈水文学、冰冻圈气候学等）的支撑学科，其发展与其他学科的发展相互借鉴、相互促进，但也自成体系，是一门独立学科。

由于我们经验不足、学识有限，加之本书涉及的学科面广、学科发展迅速等，本书难免有不足或疏漏之处，敬请读者批评指正，以便再版时补充和修正。

本书的编撰和出版得到中国科学院战略性先导科技专项（A 类）地球大数据科学工程专项时空三极环境项目（No. XDA19070100）资助。感谢秦大河院士、姚檀栋院士、丁永建研究员、任贾文研究员等《冰冻圈科学丛书》编委会成员对完善本书提出了有益的建议和指导。本书也参考了《冰冻圈遥感》（2006 年）约 15%的内容。

《冰冻圈科学丛书》秘书组王文华、徐新武、王世金、王生霞、马丽娟、李传金、窦挺峰、俞杰、周蓝月在专著研讨、会议组织、材料准备等方面进行了大量工作，在幕后做出了重要贡献。在本书即将付印之际，对他们的无私奉献表示衷心的感谢！

李新 车涛 李新武

2019 年 8 月 1 日于北京

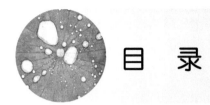

目　录

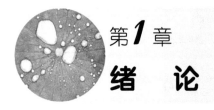

第1章

绪 论

李新　车涛

冰冻圈遥感学是在遥感技术日益发展，以及冰冻圈在气候、水文、生态系统中的作用日趋被重视的背景下发展而成的。本章首先介绍了冰冻圈遥感学的定义，然后简述了冰冻圈遥感的国内外研究进展，最后列出了用于冰冻圈研究的主要传感器。

1.1　冰冻圈遥感学的定义

冰冻圈是地球表层连续分布并具有一定厚度的负温圈层，也称为冰雪圈、冰圈或冷圈。冰冻圈一词源自英文 cryosphere，该词又源自希腊文 kryos，含义是"冰冷"。鉴于冰川和冻土对环境有重要影响，并且冰川学和冻土学在发展过程中相辅相成的历史渊源，所以中国习惯上称其为冰冻圈。冰冻圈包括冰川（含冰帽）、冰盖（即南极冰盖和格陵兰冰盖）、冻土（含多年冻土和季节冻土）、积雪、海冰和冰架、河（江、湖）冰。大气圈内的雪花、冰晶、冰雹、霰等固态水体也是冰冻圈的组成部分。作为组成气候系统的五大圈层之一，冰冻圈以其高表面反射率、巨大的冷储和相变潜热、温室气体的源汇和地球气候环境的记录，以及淡水资源存储量巨大等独特而且不可替代的特点，使得其动态变化过程、趋势及与其他圈层的相互作用和影响，已成为气候系统变化科学和可持续发展研究中最活跃的领域之一，受到了前所未有的重视。

遥感是通过遥感器这类对电磁波敏感的仪器，在远离目标和非接触目标物体条件下探测目标地物，获取其反射、辐射或散射的电磁波信息（如电场、磁场、电磁波、地震波等信息），并进行提取、判定、加工处理、分析与应用的一门科学和技术。冰冻圈遥感学是研究如何将遥感技术应用到冰冻圈研究中的一门学科，它主要研究电磁波对冰冻圈各组分特征的响应机理，以及如何将这些机理应用于冰冻圈要素的监测，提取或分析各要素的几何、物质和能量特征;其手段涵盖可见光、近红外、热红外、微波、激光、无线电和重力遥感方法，探测的冰冻圈要素包括冰川面积、冰川厚度、冰川运动速度、冰川物质平衡、积雪面积、积雪深度、海冰密集度、海冰厚度、冻土分布及冻融状态，以及大气中的降雪和冰雹等。遥感平台以卫星为主，航空和地基遥感也是发展冰冻圈遥感方法的重要实验手段。

冰冻圈遥感学是冰冻圈科学体系中的重要一员，其本身自成体系，也与其他冰冻圈学科相辅相成。冰冻圈遥感的发展依赖于遥感技术的发展，在遥感发展早期，利用遥感获取的冰冻圈要素有限,随着遥感技术的发展,大部分冰冻圈要素都可用遥感手段获取。遥感能快速、综合、宏观地获取冰冻圈信息,有效地服务于其他冰冻圈学科,并推动其发展。随着其他学科的发展,对冰冻圈要素观测要求(数量、时空分辨率、精度)的提高势必给冰冻圈遥感带来挑战,从而也促进其发展。因此,冰冻圈遥感渗透在冰冻圈科学研究范畴的各个方面,在冰冻圈科学研究内容中属于基础研究部分。

1.2　冰冻圈遥感发展简史

冰冻圈航天遥感始于 1961 年,TIROS-2 气象卫星上的电视相机在圣劳伦斯(St. Lawrence)湾首次拍摄获得海冰解冻的清晰影像。1974 年 9 月国际冰川学会(IGS)总结了 1974 年前的遥感应用成果。此阶段是卫星遥感的初创阶段,冰冻圈卫星遥感数据主要为气象卫星及地球资源技术卫星(ERTS)的可见光、近红外及热红外波段影像,由目视判读勾画冰、雪和海冰区边界,编制积雪范围图并监测冰川末端进退与海冰变化。微波遥感主要用机载侧视雷达(SLAR)监测湖冰及海冰分布。

1974~1986 年随着计算机技术,尤其是计算机图像处理技术的发展,人们从遥感资料中提取信息的能力增强,冰冻圈遥感从目视判读转向表面特征的自动化提取。在此期间,冰冻圈要素的电磁波实验与理论研究也逐步开展,如美国陆军寒区研究和工程实验室(CRREL)在室内详细测量 0.2~0.4 μm 及 0.6~2.5 μm 波段积雪反射率随雪参数及测量方向的变化。积雪遥感从早期的积雪范围监测演变到雪面反照率、雪水当量及粒径等监测。随着 1978 年多频双极化的星载微波辐射计 SMMR 的运行,大范围的雪深/雪水当量、冻融循环及海冰密集度监测工作开展,微波遥感从航空转向航天试用。

20 世纪 90 年代,随着遥感数据的增多,波段范围不断扩展、分辨率不断提高。多源数据融合可以更有效地提取地表信息,如利用 Landsat-TM 配合冰面数字高程模型(DEM)监测加拿大 Athabas 冰川冰面净辐射平衡各分量。与地面实测相比,精度达 10%以内(Gratton et al., 1994)。IMS 融合被动微波和可见光遥感提供每日全球积雪面积产品,克服可见光受云污染的弊端。

21 世纪卫星遥感迅猛发展,新型、先进的传感器涌现,并有专门针对冰冻圈研究的卫星发射,冰冻圈遥感更是生机勃勃。地球观测系统(EOS)计划中的 MODIS 在时间和空间分辨率上有很好的平衡,为全球冰冻圈时空动态监测提供了前所未有的机会。由其生产的雪冰产品被广泛用于气候变化和水文水资源研究。ICESat、CryoSat 等专门针对冰冻圈研究的卫星发射。ICESat-1 雷达高度计 2003~2009 年连续提供高程数据,其主要使命之一是监测冰盖物质平衡。ICESat-2 也于 2018 年发射,为了保证 ICESat 数据的连续,2009 年连接 ICESat-1 和 ICESat-2 计划的航空遥感 ICEBridge 启动,专门开展极地冰监测。欧洲空间局的 CryoSat-2 于 2010 年 4 月 8 日发射,致力于测量极地海冰厚度,监测格陵兰冰盖和南极冰盖变化。其搭载的干涉雷达高度计 SIRAL 是第一个专门为监测冰设计的高度计,可以监测大范围冰盖和极地海洋中的浮冰。2002 年 3 月 17 日新型传感器 GRACE(gravity recovery and climate experiment)重力卫星发射,我们可以通过其对全球质量通量进行观测,从而理解大尺度极地冰、水储量及海洋物质的变化特征。欧洲委员会和欧洲空间局联合发起的 Copernicus 计划（哥白尼计划，全球环境与安全监测计划）是至今为止最具有雄心的地球观测计划。为之服务的 Sentinel 系列卫星发射，Sentinel-1 于 2014 年 4 月开始运行，提供极地范围内过境时间短、分辨率高的 SAR 数据。

随着遥感数据的增多，更长时间尺度、更大空间尺度、更高分辨率的冰冻圈要素变化及其影响研究应运而生。根据被动微波遥感数据，2018 年 4 月北极海冰范围相比于 1981~2010 年月平均海冰范围（110 万 km^2）减少了 92 万 km^2，除了 Hudson 和 Baffin 海湾以外，冰川边缘显著退缩（http://nsidc.org/arcticseaicenews/）。自 20 世纪 60 年代以来，北半球春季（3~5 月）积雪面积呈现大幅度递减趋势，2016 年 3 月积雪面积是 20 世纪 60 年代以来的倒数第二，4 月为倒数第一，5 月为倒数第三（Robinson and Mote，2014）。根据 GRACE 重力卫星数据，研究发现 2002~2016 年南极冰盖减少 3539 GT（Martín-Español et al.，2016）。ICESat/GALS 卫星激光扫描仪提供高精度的 DEM 数据，能更加精确地大范围获取冰川冰盖的体积变化（Li and Zwally, 2011）。由于融合更多数据源，IMS 数据的分辨率和精度不断提高。

数据同化也是冰冻圈遥感发展的趋势之一。考虑到模型和观测都存在误差，陆面数据同化利用观测算子获得的模拟值与遥感实际观测量之间的差异，以及模型和观测误差的相对权重，通过同化算法融合模型模拟和遥感观测信息，获得优化后的状态变量。该方法已在冻融监测、雪深/积雪面积制图和海冰厚度及密集度监测方面开展应用（Jin et al., 2009; Che et al., 2014; Yang et al., 2014; 李新等，2007）。

在遥感技术推动冰冻圈研究发展的同时，计算机技术的发展推动了冰冻圈遥感成果的应用。20 世纪 90 年代至 21 世纪初，3S（RS、GPS 及 GIS）技术支持下的遥感应用向着对监测数据实施统计、管理与查询，以及对监测目标与任务做出评价和决策支持的方向发展，使冰冻圈全球变化、冰雪灾害等遥感应用获得强有力的技术支持与保障。在 WebGIS 技术和海量遥感数据的背景下，21 世纪 10 年代进入了大数据时代，针对冰冻圈数据和研究成果的平台逐步发展。图 1.1 简略概述了冰冻圈遥感的发展。

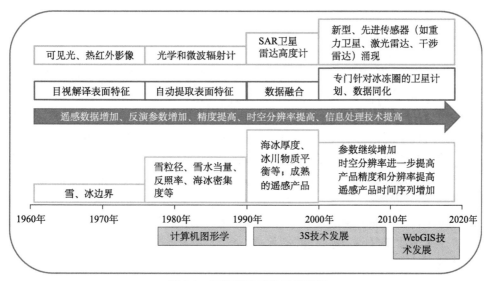

图 1.1 冰冻圈遥感发展概述图

　　我国的冰冻圈遥感起步较晚，发展也主要跟随国际脚步。

　　20 世纪 90 年代之前我国冰冻圈遥感针对需求开展研究。利用灰度值法识别积雪面积，为融雪径流预报提供积雪面积数据；中国科学院兰州冰川冻土研究所参加编制世界冰川编目，基于卫星影像目视解译我国西部冰川的分布；渤海湾地区冬季海冰分布广泛，影响航运和渤海石油开采，利用灰度值法勾画不同时间海冰边界，给相关部分提供海冰长消过程。此阶段是我国冰冻圈遥感研究的起步阶段，方法以目视解译为主，数据主要是可见光遥感。在理论研究方面，通过对我国西部山区不同季节、不同自然高度带的雪冰水体及植被、岩石等地物目标进行光谱观测，我国首次建立了以雪、冰、水体反射光谱资料为主的地物光谱数据库，并提出了雪、冰、水体等地物的最佳遥感监测波段，为我国地球资源卫星传感器的设计及雪冰遥感信息的提取和解译提供了依据（冯学智和陈贤章，1998）。

　　1990～2000 年，随着传感器增多，利用遥感监测的冰冻圈参数也开始增多。开始利用星载微波数据获取雪深、海冰密集度及地表冻融等信息；利用气象卫星 AVHRR／HRRT 等数据监测湖冰响应气候变化的动态过程。在此阶段还开展了牧区雪灾的遥感监测，建立了"中国冰冻圈信息系统"。在理论研究方面，复旦大学在应用矢量辐射传输理论研究海冰与积雪的微波散射和热辐射特性方面取得了成绩（金亚秋，1993）。

　　2000～2010 年遥感数据不断丰富、计算机技术和网络信息的发展及国际合作的增加，对于主要依赖国外卫星数据的中国来说，比以前能更快地获得遥感数据开展相关研究。在此阶段，我国在利用主被动微波遥感、可见光-近红外遥感、激光雷达、重力卫星开展冰川物质平衡、冰川表面参数、积雪参数反演、海冰厚度、河湖冰候等各冰冻圈要素监测方面开展了大量的研究（Li et al.，2008）。《冰冻圈遥感》全面综合地归纳总结了2006 年之前冰冻圈要素遥感反演的方法，涵盖可见光-近红外、热红外、主被动微波、无线电波在冰冻圈要素监测中的原理和研究进展（曹梅盛等，2006）。此外，我国发射了资源卫星和风云卫星，冰冻圈遥感研究也尝试利用本国卫星获取冰冻圈信息，包括积雪面积、海冰范围等。

　　2010 年以来，冰冻圈遥感越来越受到国际关注，在此背景下，中国冰冻圈遥感往更高精度、更高空间分辨率及更大尺度研究上发展。风云系列卫星和高分卫星的发射为冰冻圈监测提供了高质量的遥感数据。一系列基于中国本土卫星数据的冰冻圈要素产品发布，高分卫星数据更是为冰冻圈灾害监测提供服务。在此期间开展了 "黑河流域生态-水文过程综合遥感观测联合试验"。在黑河流域上游主要针对积雪和冻土开展观测，发展了流域尺度上更高精度的冻融监测及积雪参数反演方法，为冰冻圈要素在流域水文和生态中的影响研究提供高质量数据（Li et al.，2013；李新等，2012）。在大数据时代，中国科学院"地球大数据科学工程"启动，相信该项工程能促进冰冻圈数据共享、推进冰冻圈遥感应用的发展。

　　总而言之，冰冻圈遥感的发展从目视解译到自动化提取，从表面特征到冰冻圈各要素，从单个区域的研究向全球尺度发展，时空分辨率和探测精度不断提高，探测手段不断丰富（图 1.2）。

冰雪光谱库
《电磁散射和热辐射的遥感理论》
《冰冻圈遥感》
《冰冻圈遥感学》
反演参数增加、精度提高、时空分辨率提高、研究区域扩大、理论基础完善
雪、冰边界
海冰密集度
雪深
地表冻融
湖冰候
冰川物质平衡
冰川表面参数
各积雪参数
海冰厚度
河湖冰候
增加大气冰冻圈要素的遥感反演
中国风云、高分卫星发射
冰冻圈信息系统
1980年
1990年
2000年
2010年
2020年

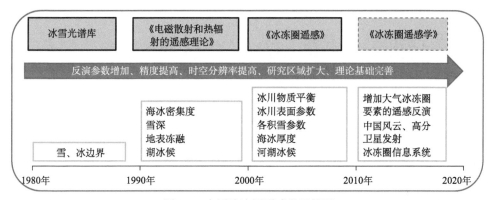

图 1.2　中国冰冻圈遥感发展简图

1.3　冰冻圈遥感常用卫星平台及传感器

根据电磁波频率范围及探测原理，冰冻圈遥感常用的传感器主要分为：可见光/热红外传感器、主动微波传感器和被动微波传感器及激光雷达。近年来还有一些新型传感器开始出现，并用于冰冻圈研究，如重力传感器、夜光传感器等。图 1.3 列出了 21 世纪国际上已经、正在和将要实施的冰冻圈卫星计划。本节从卫星平台、运行时间、波段范围、空间分辨率、时间分辨率等方面简单介绍冰冻圈遥感常用的传感器及其应用。

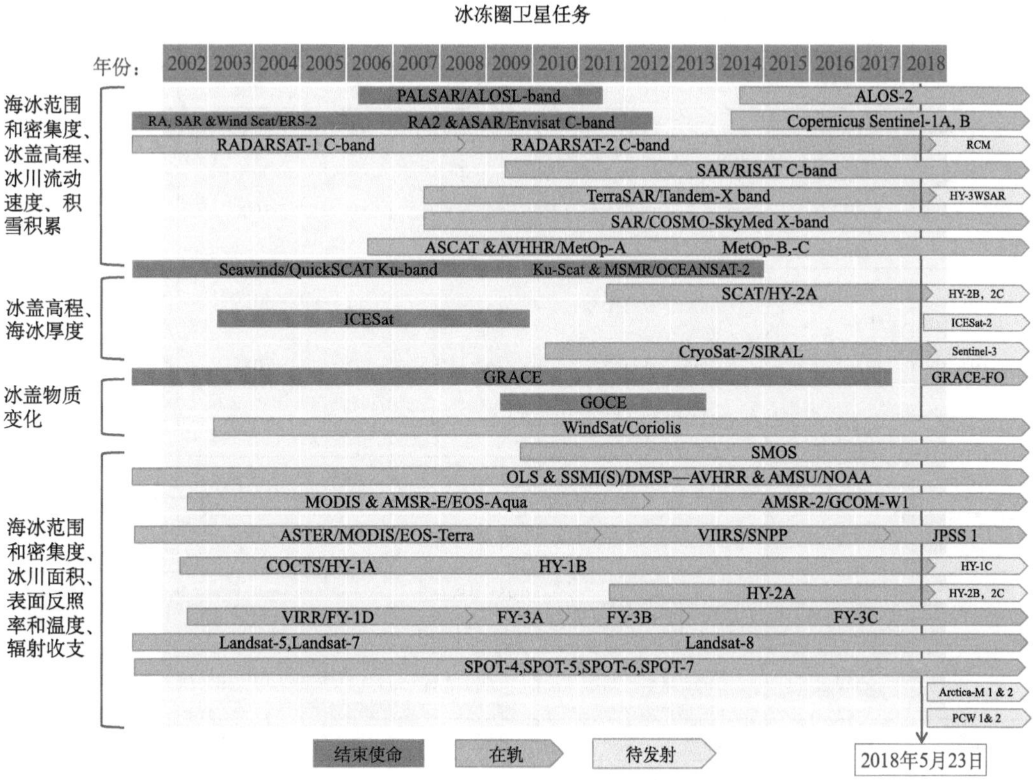

冰冻圈卫星任务
年份：
2002 2003 2004 2005 2006 2007 2008 2009 2010 2011 2012 2013 2014 2015 2016 2017 2018
海冰范围和密集度、冰盖高程、冰川流动速度、积雪积累
PALSAR/ALOSL-band
ALOS-2
RA, SAR &Wind Scat/ERS-2
RA2 &ASAR/Envisat C-band
Copernicus Sentinel-1A, B
RADARSAT-1 C-band
RADARSAT-2 C-band
RCM
SAR/RISAT C-band
TerraSAR/Tandem-X band
HY-3WSAR
SAR/COSMO-SkyMed X-band
ASCAT &AVHHR/MetOp-A
MetOp-B,-C
Seawinds/QuickSCAT Ku-band
Ku-Scat & MSMR/OCEANSAT-2
冰盖高程、海冰厚度
SCAT/HY-2A
HY-2B，2C
ICESat
ICESat-2
CryoSat-2/SIRAL
Sentinel-3
冰盖物质变化
GRACE
GRACE-FO
GOCE
WindSat/Coriolis
SMOS
海冰范围和密集度、冰川面积、表面反照率和温度、辐射收支
OLS & SSMI(S)/DMSP—AVHRR & AMSU/NOAA
MODIS & AMSR-E/EOS-Aqua
AMSR-2/GCOM-W1
ASTER/MODIS/EOS-Terra
VIIRS/SNPP
JPSS 1
COCTS/HY-1A
HY-1B
HY-1C
HY-2A
HY-2B，2C
VIRR/FY-1D
FY-3A
FY-3B
FY-3C
Landsat-5,Landsat-7
Landsat-8
SPOT-4,SPOT-5,SPOT-6,SPOT-7
Arctica-M 1 & 2
PCW 1& 2
结束使命
在轨
待发射
2018年5月23日

图 1.3　冰冻圈遥感卫星计划总览图

1.3.1　可见光/热红外传感器

可见光传感器记录地物反射的可见光波段信号；热红外传感器记录地物辐射的热红外波段信号。通常情况下，光学传感器综合了可见光和热红外波段信息。根据卫星发射时间，表 1.1 描述了可用于冰冻圈研究的可见光/热红外传感器及其相应的信息。根据波段的数量，光学传感器有全色波段、多光谱和高光谱。其中 Landsat/TM、NOAA/AVHRR和 EOS/MODIS 是常用的多光谱传感器，Hyperion 属于高光谱，这些传感器在冰冻圈研究中被广泛使用。

表 1.1　可见光/热红外传感器列表

传感器	卫星平台	起止日期	波段范围/µm	波段数/个	空间分辨率/m	重访周期	国家或地区
TM	Landsat	1982 年 6 月～2012 年 5 月	0.45～3.35	7	30	1 次/16 天	美国
AVHRR	NOAA	1979 年 6 月至今	0.58～12.5	5	1100～4000	2～4 次/天	美国
HRV/HRG/VEG	SPOT-4 和 SPOT-5	1998 年 3 月至今	0.455～0.89	4	10～20	1 次/26 天	法国
MODIS	EOS-Terra/Aqua	1999 年 12 月至今	0.4～14.4	36	250/500/1000	1 次/1～2 天	美国
CCD 相机/IRMSS/WFI	中巴资源卫星 1/2 CBERS-01/02	1999 年 10 月至今	0.45～0.90	4/2/1	19.5/258/78、156	1 次/26 天	中国-巴西
Hyperion	EO-1	2000 年 11 月至今	0.4～2.5	220	30	1 次/16 天	美国
ASTER	Terra	1999 年 12 月至今	0.52～11.65	14	15	1 次/16 天	美国
ATSR/AATSR	ERS-1 ERS-2 Envisat	1991 年 6 月～2000 年 3 月 1995 年 4 月～2011 年 9 月 2002 年 3 月～2012 年 4 月	1.6/3.7/ 11/12	4	1000	35 天	欧盟
MERSI	风云系列卫星 FY-1/2/3	2008 年 6 月至今	0.47～2.13	20	250/1000	1 次/1～3 天	中国
HIS	环境星 HJ	2008 年 9 月至今	0.45～0.95	128	100	4 天	中国
多光谱相机	中国资源卫星 ZY-1/2/3	2011 年 12 月至今	0.5～0.9	3	6～10	3～5 天	中国
VIIRS	NPP	2011 年 11 月至今	0.3～14	22	400～800	4 小时	美国
全色多光谱相机/多光谱相机	高分一号 GF-1/2	2013 年 4 月至今	0.45～0.89	25	2/8/16	2～4 天	中国
VNIR/MWIR	高分四号 GF-4	2015 年 12 月至今	0.45～0.90/3.5～4.1	4	50/400	20 秒	中国
多光谱成像仪	Sentinel 2	2015 年 6 月至今	0.44～2.19	13	10/20/60	10 天，双星5 天	欧盟
AHI	Himawari-8/9	2016 年 5 月至今	0.43～13.4	16	500/1000/2000	1 次/10 分钟	日本
VIIRS	JPSS-1	2017 年 11 月至今	0.412～12	22	750	1 天	美国

1.3.2 微波传感器

微波（波长：1mm～1m）是无线电波中最短的部分，遥感中常用的微波波长范围为 0.8～30cm，表 1.2 列出了常用的微波波长的范围及相应的名称。根据工作原理，微波传感器分为主动微波传感器和被动微波传感器两种。主动微波传感器主动发射信号并接收信号。主动微波传感器包括成像雷达和雷达高度计。表 1.3 和表 1.4 分别描述了常用的合成孔径雷达传感器和雷达高度计信息。

表 1.2 常用的微波范围及相应的名称

波段代号	波长/cm	频率/GHz
W	0.3～0.375	80.0～100.0
V	0.375～0.5	60.0～80.0
U	0.5～0.75	40.0～60.0
Ka	0.75～1.1	26.5～40.0
K	1.1～1.7	18.0～26.5
Ku	1.7～2.4	12.5～18.0
X	2.4～3.8	8.0～12.5
C	3.8～7.5	4.0～8.0
S	7.5～15	2.0～4.0
L	15～30	1.0～2.0
P	30～100	1.0～30

表 1.3 主动微波传感器（合成孔径雷达）列表

传感器	卫星平台	起止时间	波段范围	极化方式	空间分辨率/m	重访周期/天	国家或地区
ASAR	Envisat	2002 年 3 月～2012 年 4 月	C	VV/HH	30	35	欧盟
SAR	RADARSAT-1	1995 年 11 月～2013 年 5 月	C	HH	8～100	1～3	加拿大
SAR	RADARSAT-2	2007 年 12 月至今	C	全极化	8～100	24	加拿大
SAR	JERS	1992 年 2 月～1998 年 10 月	L	HH	18	44	日本
SAR	CosmoSkyMed	2007 年 6 月至今	X	全极化	1～100	16	意大利
PALSAR	ALOS	2006 年 1 月～2011 年 2 月	L	全极化	7～44	46	日本
SAR	TerraSAR-X	2007 年 6 月至今	X	单、双、全极化	1～16	11	德国
SAR	HJ-1 C	2008 年 9 月至今	S	VV	15～25	31	中国
SAR	Sentinel-1A/B	2014 年 4 月至今	C	多极化	14～40	12/6	欧盟
SAR	GF-3	2016 年 8 月至今	C	多极化	1～500	2	中国
SAR	ERS1	1991 年 7 月～2000 年 3 月	C	VV	30	35	欧盟
SAR	ERS2	1995 年 4 月～2011 年 9 月	C	VV	30	35	欧盟

表 1.4　雷达高度计列表

传感器	卫星平台	起止时间	波段范围	测高精度/cm	重访周期/天	国家或地区
RA1	ERS-1	1991 年 7 月～2000 年 3 月	Ku	10	35	欧盟
RA2	ERS-2	1995 年 4 月～2011 年 9 月	Ku、S	4.5	35	欧盟
SIRAL-2	CryoSat-2	2010 年 4 月至今	S	3	369	欧盟
Poseidon	Jason1	2001 年 11 月～2013 年 3 月	C、Ku	3.3	10	美国和法国
Poseidon	Jason2/3	2008 年 6 月/2016 年 1 月至今	C、Ku	2.5/6	10	美国和法国

　　被动微波传感器被动接受目标物发射的微波信号，表 1.5 描述了常用的被动微波传感器。这些传感器都是每天至少对全球进行一次扫描，但由于扫描条带宽度不同，不同纬度地区点重复过境周期不相同。

表 1.5　常用的被动微波传感器列表

传感器	卫星平台	起止时间	波段范围	极化方式	视角/(°)	重访周期/天	国家或地区
SMMR	NIMBUS-7	1978 年 10 月～1987 年 8 月	C/X/K/Ka	V & H	50.2	1～7	美国
SSM/I	DMSP	1987 年 7 月～2009 年 4 月	K/Ka/W	V & H	53.1	1～3	美国
SSMI/S	DMSP	2008 年 1 月至今	K/Ka/W	V & H	53.1	1～3	美国
AMSR-E	EOS-Aqua/Terra	2002 年 6 月～2011 年 10 月	X/K/Ka/W	V & H	55	1～3	美国
AMSR	ADEOS-2	2002 年 12 月～2003 年 10 月	C/X/K/Ka/W/U	V & H	55	1～3	美国/日本
AMSR2	GCOM-W	2012 年 5 月至今	X/K/Ka/W	V & H	55	1～3	日本
MWRI	FY-3A/B/C	2010 年 11 月至今	X/K/Ka/W	V & H	45	1～3	中国
MIRAS	SMOS	2009 年 11 月至今	L	V & H	0～55	1	欧盟
Radiometer	SMAP	2015 年 1 月至今	L	V & H	40	1	美国

1.3.3　激光、重力及其他新型传感器

　　除了可见光-近红外遥感、主被动微波遥感以外，用于冰冻圈研究的还有激光雷达、重力卫星、微光传感器等遥感传感器。

　　1）激光雷达

　　目前已有的星载激光雷达有搭载在 ICESat-1（ice, cloud, and land elevation satellite）上的 GLAS，2003 年发射，2010 年结束使命，使用的波段有近红外（1064nm）和绿光（532nm）波段。ICESat-2 卫星已于 2018 年 9 月发射，在发射 ICESat-2 之前，美国国家航空航天局（National Aeronautics and Space Administration，NASA）一直用 ICEBridge 航空探测两极的冰冻圈变化。

　　2）重力卫星

　　常用的重力卫星有 GRACE（2002～2017 年，分辨率为～300km，NASA/DLR），CHAMP（2000～2010 年，德国），GOCE（2009～2013 年，欧洲空间局）。2018 年 5 月

23 日 NASA 联合德国地球科学研究中心发射 GRACE-FO 的重力卫星，接替 GRACE 继续监测地球水运动和地球表面物质变化。

　　3）微光传感器

　　近年来微光传感器也尝试用于冰冻圈遥感要素反演。已有的微光传感器有 DMSP—OLS Nightlight 和 NPOESS-VIIRS。

　　OLS 的主要参数如下。可见光：$0.4\sim1.1\mu m$，半功率点位于 $0.57\sim0.97\mu m$；红外：$10.0\sim 13.4\mu m$，半功率点位于 $10.30\sim12.90\mu m$；光电信增管：$0.47\sim0.95\mu m$，半功率点位于 $0.51\sim 0.86\mu m$；总扫描带宽：3000km；地面分辨率：2.7km（全球覆盖）/0.55km（有限区域覆盖）；IFOV：5.33mral（普通模式）/0.77km（高分辨率模式）。

　　VIIRS（visible infrared imaging radiometer）是 NPOESS 上的主要传感器，它继承了 NOAA 卫星上的 AVHRR 和 EOS 的 MODIS 传感器的 22 个观测通道，而它的 DNB（$0.4\sim 1.1\mu m$）探测通道继承了 DMSP 上的 OLS 的微光探测能力。

思　考　题

　　1. 什么是冰冻圈遥感？

　　2. 目前冰冻圈遥感使用到的电磁波波段有哪些？

第2章
冰冻圈遥感原理

车涛 李新 李新武 江利明 邱玉宝 冉有华 郑东海 戴礼云

目前冰冻圈遥感应用到的遥感类型主要有可见光-近红外遥感、主动微波、被动微波、激光雷达、重力遥感。在不同的电磁波波段，主动和被动遥感的工作原理并不相同。可见光-近红外部分以被动为主，被动接收地面反射的太阳辐射，通常称为光学遥感；根据不同波段反射率的特点区分不同的目标物。在这一电磁波范围内只有很短的一部分电磁波用于主动遥感，即激光雷达，目前利用的波段范围主要是可见光部分。热红外传感器被动接收地面辐射的热红外辐射，其获得的亮度值与目标物的温度、地表发射率有关。微波遥感分为主动微波遥感和被动微波遥感。被动微波遥感传感器记录目标物的微波辐射信号，与温度和发射率相关。主动微波遥感传感器发射微波信号，同时接收微波信号，记录发射功率和反射功率。图2.1概述了目前遥感常用的电磁波段及相应的遥感方式。电磁波频率/波长轴上方为主动传感器利用的波段，轴下方为被动传感器利用的波段。光学遥感包括可见光、红外和热红外遥感，波段覆盖范围为 $0.38\sim15\mu m$。激光雷达覆盖的波长范围为 $0.5\sim1.1\mu m$，星载雷达覆盖的波长范围为 $P\sim Ka$，微波辐射计覆盖的波长范围为 $L\sim W$。

下面分节介绍各遥感类型的基本原理及冰冻圈要素的电磁波特征。

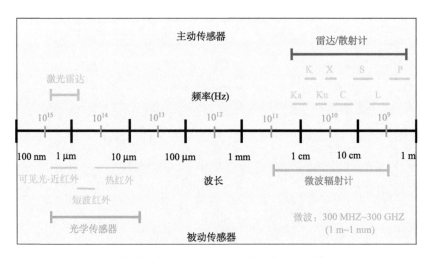

图2.1 传感器中用到的波段及相应的探测方式概述图

2.1　光学与红外

2.1.1　可见光-近红外遥感

1. 基本原理

自然界地物都反射太阳入射的电磁波，不同地物对入射电磁波的反射能力是不一样的，通常用反射率来表示，它是地物对某一波段电磁波的反射能量与总入射能量之比，其数值常用百分率表示：

$$\rho = \frac{P_\rho}{P_0} \times 100\% \tag{2.1}$$

式中，P_ρ 代表地物对某一波段电磁波的反射能量；P_0 代表总入射能量。

物体的反射状况分为三种：①镜面反射。光滑物体表面物体的反射满足反射定律，入射波和反射波在同一平面内，入射角与反射角相等，如非常平静的水面。②漫反射。对于非常粗糙的表面，当入射辐照度 I 一定时，从任何角度观察反射面，其反射辐射亮度都是一个常数，这种反射面又称为朗伯面。③方向反射。实际物体反射是介于镜面和朗伯面之间的一种反射，自然界中绝大多数地物都属于这种类型。对太阳短波辐射的反射具有各向异性，即有入射波时实际物体面各个方向都有反射能量，但大小与入射电磁波的波长、入射角的大小、地物表面颜色、粗糙度等有关。

可见光-近红外遥感利用地物对可见光-近红外波段的反射能力来区分地物。雪和冰川在可见光波段反射率高，在近红外波段反射率低，这一特点将冰、雪与其他地物分开。下面将分别介绍冰川、海冰及积雪在可见光-近红外波段的波谱特征及其影响因素。

2. 积雪的波谱特征

无论是单晶冰还是多晶冰，无气泡及表面无闪烁的蒸馏水冰（黑冰），其可见光-近红外区的透射率很高，吸收率低，因此反射率很低（图 2.2），据理论计算仅为 0.018（Hobbs，1974）。进入近红外区后，虽然冰的透射率下降，但因其吸收率迅速增大，其反射率依然很低。吸收率和透射率测定值计算结果显示冰在波长 3.3 μm 附近的峰值反射率仅为 0.05~0.1。

干洁的积雪由冰颗粒和空气组成。新降的干雪在可见光波段反射率很高，可达到 0.95。可见光在冰中的吸收长度达到 10m，这也就意味着当光子穿过 2m 厚的雪层时，被吸收的概率可以忽略不计。另外，光子穿过雪层时可能会遇到几千个空气-冰和冰-空气界面，其在每个界面被反射的概率是 0.02，因此，经过几千个界面反射后，光子被散射回雪层以外。冰在可见光波段的吸收和反射性质没有明显的变化，因此，在整个可见光波段，积雪的反射率很高。进入近红外波段，冰的吸收率增大，因此，由冰颗粒组成的积雪的吸收率增大，反射率减小。图 2.3 显示了积雪在可见光和近红外波段的反射波谱曲线。在可见光波段，雪的高反射率仅以极小摆幅变化，且保持在 0.7 以上，新雪的反射率甚至可达 0.95。很明显，在可见光波段，雪与其他地物较容易被识别。在近红外波段，雪的反射率呈现明显的递减趋势。

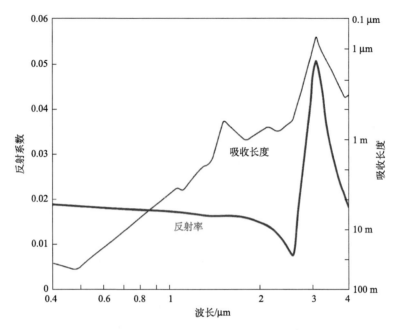

图 2.2　波长在 0.4～4.0μm 的电磁波在冰−空气界面的反射系数及在冰中的吸收长度示意图

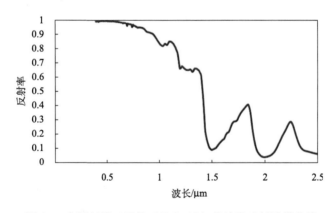

图 2.3　实测新降干雪的可见光−近红外波段反射波谱曲线

　　雪粒径越大，雪层的反射系数越小，因为空气−冰界面的数量减少也会导致散射机会随之减少。图 2.4 描述了不同雪粒径的积雪反射率波谱曲线。

　　液态水含量的增大导致积雪反射率降低。通常情况下，雪层中液态水的体积含水量几乎不超过 10%。水和冰在可见光−近红外波段的电磁辐射吸收特性相似，水和冰的介电差异很大，光子在雪层中的多次散射现象不断出现。因此，液态水的存在不会直接影响雪的反射。湿雪的反射率降低是因为液态水使冰晶聚集导致有效粒径增大，从而降低了反射率。图 2.5 是干雪、湿雪及重新冻结雪 0.6～2.5 μm 反射波谱室内的实测数据。代表干雪的曲线 *A*、*B* 和 *C* 的反射波谱曲线比代表湿雪的曲线 *D* 和 *E* 高，但湿雪重新冻结

后 F 与 D 和 E 的反射波谱曲线相差并不大。

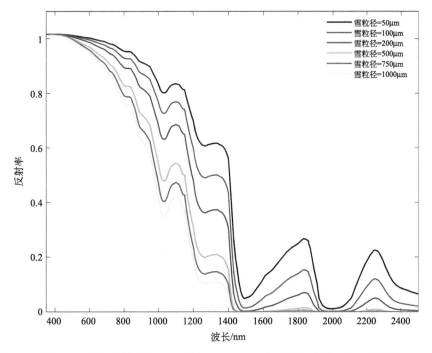

图 2.4 利用 ART 模型模拟的不同雪粒径（radius）的反射率波谱（太阳天顶角=60°）

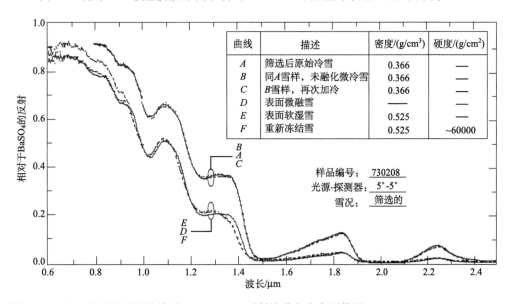

图 2.5 干雪、湿雪及重新冻结雪 0.6~2.5 μm 反射波谱室内实测数据（O'Brien and Munis, 1975）

若积雪含有少量污化杂质，可见光区反射（照）率立即明显下降。即使是只含 1.0×10^{-6} 重量比的尘埃，其反射率下降也会超过数个百分点。图 2.6 为不同颗粒大小污染物的积雪光谱曲线，随着煤灰或烟灰含量的增加，积雪反射率下降。可见光区极高的积雪反照率只能在极地内陆的无污染雪面才能观测到。值得注意的是，当污化杂质含量低于 0.1％时，大于 1 μm 的近红外区反射（照）率并未减小，超过该含量时甚至还增大（Warren, 1982；李红星等，2014）。

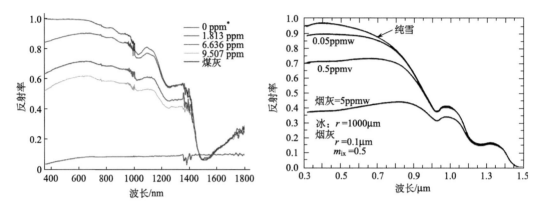

图 2.6　不同浓度污染物（煤灰和烟灰）积雪和煤灰的光谱反射率（Warren, 1982；李红星等，2014）

*1 ppm=10⁻⁶

3. 冰川冰的光谱特征

自然界的冰川冰、河湖冰及海冰均含有一定数量的气泡（海冰还含有盐溶泡）及其他杂质，其表面又布满粗糙不平的裂隙，这些都可引起表面散射与体散射，使冰在可见光-近红外区的反射率比无气泡纯冰高很多。

图 2.7 提供了包括中国新疆乌鲁木齐河源 1 号冰川在内的共计 4 条冰川的可见光-近红外区实测反射波谱曲线，其中关于 Peyto 冰川仅提供可见光与近红外两区的平均实测结果（Cutler and Munro, 1996）。它们的污化程度及其他状况均不同，但实测反射波谱曲线的趋势走向依然类似。每条曲线可见光区的变动都较小， 0.6～0.7 μm 后开始急剧下降。所以，冰川表面可见光区的反射（照）率明显高于近红外区。冰面可见光区反照率一般为 0.35～0.65，饱含气泡的附加冰甚至高达 0.7～0.8（Winther, 1994）；而近红外区仅为 0.2。污化程度对可见光-近红外区反照率有决定性影响。图 2.7 中可见光区冰川反射率的较大差别，实际也是冰面污化程度不同所致。由于污化物自身的近红外区反照率接近冰川冰，因此，近红外区污化降低冰川冰反照率的作用相对较小。

4. 河湖冰和海冰的光谱特征

河湖冰和海冰可见光-近红外反射波谱曲线的形状特征与冰川冰类似。受冰中气泡、盐溶泡和污化的影响，它们的反照率（尤其是可见光区）也有变化。当冰体厚度只有几厘米至米时，冰厚变化仍能影响反射（照）率。图 2.8 给出海冰厚度分别为 30 cm、25 cm、10 cm 及 1 cm 时反射波谱曲线的比较。显然，可见光区冰越厚，反射（照）率越高（杜碧兰等，1992），但实践中污化对反射（照）率的影响经常超过冰厚。

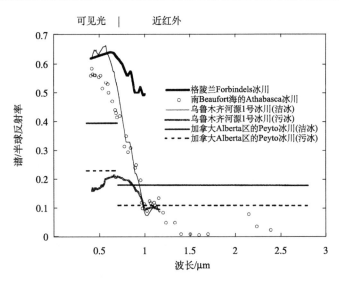

图 2.7　4 条冰川可见近红外区实测反射波谱的比较（Cutler and Munro, 1996）

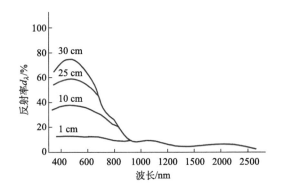

图 2.8　不同厚度海冰的反射波谱曲线（杜碧兰等，1992）

　　河湖冰通常被认为是纯冰，不含盐，水中的溶解物总含量不超过 0.2‰。纯淡水冰具有黑冰的特点。如果湖冰表面积压了很重的雪，表面被压坏，水可以沿着冰里的缝隙上升浸入积雪中，然后再冻结形成白冰。白冰的反射特性和积雪相似，白冰的吸收长度在波长低于 0.6μm 时大约为 1m，而波长为 1μm 时降到 1cm。

　　盐水冰和纯冰的吸收特性依赖于温度，初冰的可见光特性受散射效应控制。最大的影响因素包括盐度，其次是气泡、生长速度和温度。图 2.9（Perovich and Grenfell，1981）概括了多种类型海冰的光谱反射率（冰厚度都在 20cm 以上），反射率从蓝波段到红外波段呈现下降趋势，并且受气温的强烈影响。在波长 0.4μm 处，吸收长度由新冰的 1m 变化到多年冰的 8cm，这主要受盐分的影响。波长小于 0.6μm 时，吸收长度几乎是常数，但随着波长增大，吸收长度快速增大。

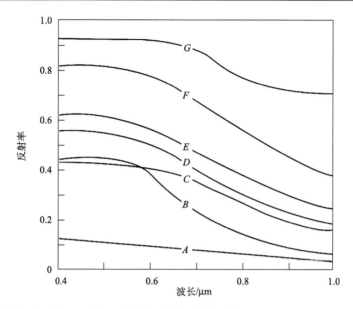

图 2.9 不同类型海冰在可见光和近红外波段的波谱反射率（Perovich and Grenfell，1981）

A.带气泡的新冰；B.正在融化的一年蓝冰；C.充满盐分的一年冰，气温为–10℃；D.充满盐分的一年冰，气温为–20℃；E.充满盐分的一年冰，气温为–30℃；F.正在融化的多年冰；G.充满盐分的一年冰，气温为–37℃

5. 光照方向对冰雪反射率的影响

2.1.1 中 1～4 小节谈论的是冰雪本身在可见光-近红外的电磁波特性，本节从太阳光照角度介绍冰雪反射率特征。

太阳光源以天顶角 θ 及方位角 φ 入射地表，遥感根据地表反射射向位于天顶角 θ' 及方位角 φ' 卫星传感器的辐射能，获得与 θ、φ、θ' 及 φ' 有关的地表反射率 $r(\theta,\varphi;\theta',\varphi')$。在光源照射下，地物表面大多为各向异性反射，即 r 随角度而变。因此，必须掌握反映地表反射辐射空间分布特征的双向反射率分布函数（BRDF），才能从卫星探测数据反演地表反照率 α。在瑞士 Morr-Eratschgletscher 冰川消融区，Knäp 在不同 θ、θ' 及观测方位相对太阳方位逆时针夹角 φ（因而省略 φ'）方向，对比观测冰面与接近 100% 漫反射的 BaSO$_4$ 板的反射数据，详细量测太阳天顶角 46°～60° 下冰面的各向异性反射因子 $f(\theta,\theta',\varphi)=r(\theta,\theta',\varphi)/\alpha$；并用极坐标绘制了 TM-2 和 TM-4 波段污化和洁净冰面的 BRDF（Knäp and Reijmer，1998）。图 2.10 为太阳天顶角为 52°～55° 时，TM-2 和 TM-4 波段反照率分别为 0.62 和 0.53 的干洁冰面 BRDF。其径向坐标为观测天顶角 θ；方位坐标为观测方位相对太阳方位的逆时针夹角 φ（图上仅给出 0～π）。显然，图 2.10（a）中 f 变化较平缓均匀，$\theta<10°$ 附近的 f 为 0.95。所以，卫星垂直向下监测的 TM-2 反射率比实际反照率 α 低 5%。在方位角 $\varphi=0°$ 或 180° 位置附近，f 随 θ 的加大而增大。$\varphi=$ 180° 附近反射区尤为突出，f 已达 1.25。但 $\varphi=90°$ 侧向，f 随 θ 的增大仅微弱变化，大致为 0.95。图 2.10（b）所示为近红外 TM-4 的 BRDF，与图 2.10（a）类似。但前后向的反射更强烈，f 可高达 1.40，而星下点为 0.90。所以，冰川表面近红外区各向异性反射强度高于可见光区。图 2.11 为太阳天顶角为 46°～49° 时，微污化冰面 TM-2 和 TM-4

反照率分别为 0.25 和 0.20 下的 BRDF。此时，冰面呈强烈的各向异性反射。星下点监测所得 TM-2 和 TM-4 的 $r(\theta,\theta',\varphi)$ 已较实际冰面 α 分别低估 0.2α 和 0.35α。

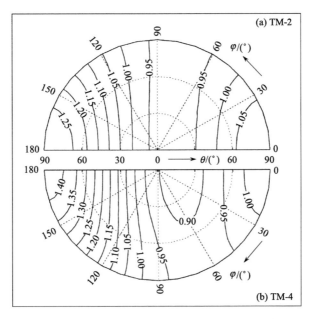

图 2.10 太阳天顶角为 52°～55°时，干洁冰川表面 TM-2 和 TM-4 波段的 BRDF 极坐标（Knäp and Reijmer, 1998）

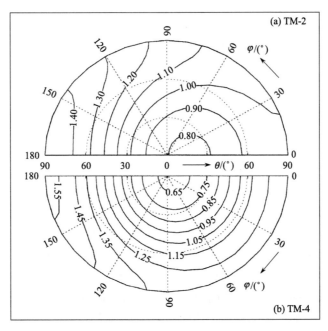

图 2.11 太阳天顶角为 46°～49°时，微融污化冰川表面 TM-2 和 TM-4 波段的 BRDF 极坐标（Knäp and Reijmer, 1998）

　　图 2.12 为积雪 BRDF 的极坐标图,它由雨云-7(Nimbus-7)搭载的地球辐射收支 ERBE(earth radiation budget experiment)扫描仪(光谱宽 0.2~4 μm)飞越南极上空、雪面充满仪器分辨视场全景时的测量数据编制而成(Knäp and Reijmer, 1998)。太阳天顶角为 45°时的 BRDF 极坐标如图 2.12(a)所示,观测角<60°的 f 接近 1。观测角继续加大,在太阳方位 0°或 180°位置附近, f 有大于和小于 1 的情况出现。图 2.12 主要反映极地干雪的各向异性反射特征。显然,在相同的太阳天顶角照射下,湿雪将出现较干雪复杂的变化。图 2.12(b)为太阳天顶角为 60°时积雪 BRDF 的极坐标,垂向附近观测时 f<1,观测角稍大时 f>1。所以,当入射光源天顶角加大时,雪面各向异性反射加剧。

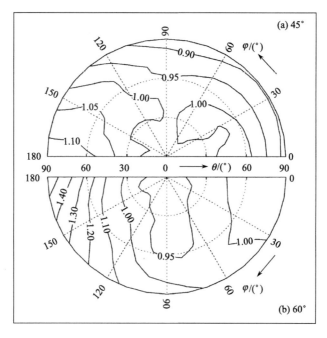

图 2.12　太阳天顶角为 45°及 60°时干雪面 0.2~4 μm 区的 BRDF 极坐标图(Knäp and Reijmer, 1998)

　　云层改变雪面反射(照)率的原因主要有两个。第一,太阳直射光经云盖后成漫散射。当太阳入射光全变为漫散射时,相当于太阳以有效天顶角约 50°直射。所以,太阳天顶角<50°,经过云层后太阳有效天顶角被加大,雪面反射(照)率增大,反之则减小;第二,云强烈吸收近红外辐射,太阳光透过云后,可见光辐射的相对比重有所增大,整个太阳光谱雪面反射(照)率相应增大。尽管太阳天顶角>50°时两因素所起的作用相反,但第二个原因一般占优势,所以即使太阳天顶角很大,云下雪面反射(照)率仍增大,例如新疆乌鲁木齐市郊 1989 年的实测与计算都表明,太阳天顶角为 65°~70°时,阴天雪面反照率仍比晴天高 0.01~0.04(曹梅盛和李培基, 1991)。显然,云盖越厚,反射(照)率的增大越显著。例如,美国卡斯卡特山区的实测与模式计算均表明,密云下的雪面反照率较中等云盖高 0.01~0.09。对 Peyto 冰川的冰面进行观测时则发现,其他环境相同的情况下,云量从零增至密云,冰与雪面的反照率分别增大 0~0.02 和 0.049~0.164。所以,太阳光谱区雪面反照率对云量变化的敏感性大于冰面。

2.1.2　热红外遥感

1. 基本原理

理论上，任何温度高于绝对温度 0 K 的物体都会向外辐射具有一定能量的电磁波。其能量的强度和波谱分布位置是物质类型和温度的函数。因为这种辐射由温度决定，所以称为"热辐射"。物体的辐射出射度是波长、温度和发射率（比辐射率）的函数。黑体是完全的吸收体和发射体，其吸收率和发射率均为 1。对于黑体辐射源，普朗克（Planck）给出了其辐射出射度（M）与温度（T）、波长（λ）的关系，普朗克辐射定律表示为

$$M_\lambda(T) = 2\pi hc^2 \lambda^{-5} \cdot [\exp(hc / \lambda KT) - 1]^{-1} \tag{2.2}$$

式中，h 为普朗克常数，取值为 6.626×10^{-34} J·s；K 为玻耳兹曼常数，取值为 1.380622×10^{-23}J/K；c 为光速，约为 2.998×10^8m/s。

黑体的总辐射出射度与温度的定量关系表示为

$$M(T) = \sigma T^4 \tag{2.3}$$

式中，$M(T)$ 为黑体表面发射的总能量，即总辐射出射度（W/m^2）；σ 为斯-玻常数，取值为 5.6697×10^{-8}W/m^2·K^4；T 为发射体的热力学温度（K）。

自然界中，黑体辐射是不存在的，一般地物辐射能量会比黑体辐射能量小。地物的发射率是以黑体辐射作为基准，是指地物的辐射出射度与同温度的黑体的辐射出射度的比值，常用 ε 表示：

$$\varepsilon(\lambda) = \frac{物体的辐射出射度}{同温度的黑体的辐射出射度} \tag{2.4}$$

发射率是无量纲，取值在 0～1，它是波长的函数。地物的发射率与地物的性质、表面状况（如粗糙度、颜色等）有关，且是温度、波长、观测角度的函数。同一地物，表面粗糙或颜色较深的发射率往往较高，表面光滑或颜色较浅的发射率则较低；不同温度的同一物体，温度越高，其发射率越高。

2. 冰雪的红外特征

在热红外波段，干雪发射率是 0.965～0.995。在该电磁波区间，冰的吸收率高，最大出现在波长接近 10μm 处。图 2.13 是两个积雪样本在 3～15μm 波段的发射波谱。在这个波段，水的发射率和积雪没有太大区别，所以水的影响可以忽略。

淡水冰的热红外特性和积雪相似，图 2.14 显示了 3 个淡水冰的热红外发射率测量结果。海冰的热红外辐射特性与淡水冰相似，发射率一般为 0.98。

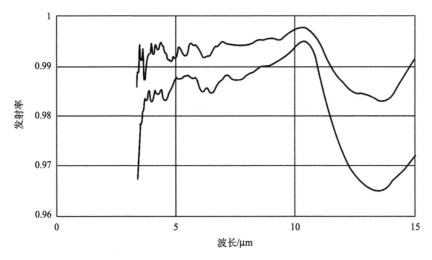

图 2.13　两个积雪样本的热红外发射率（Zhang，1999）

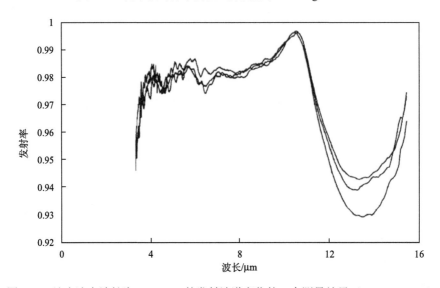

图 2.14　淡水冰在波长为 3～15μm 的发射波谱变化的 3 个测量结果（Zhang，1999）

2.1.3　摄影测量

　　摄影测量技术利用在不同位置拍摄的多张光学影像恢复三维场景，具有数据采集灵活和低成本的优点，一直以来是获取冰冻圈地形和地貌的重要手段，目前主要用于高空间分辨率数字高程模型和正射影像图等基础数据产品生产，为冰川和冻土区域变化监测研究提供支持。

　　如图 2.15 所示，摄影测量的主要数学基础是成像几何，在理想情况下，相机中心、物点坐标及对应的像点坐标三者满足共线条件关系。在实际摄影条件下，需要考虑影像畸变等因素的影响，通常建立以下形式的共线条件方程：

$$\begin{cases} x - x_0 - \Delta x = -f \dfrac{a_1(X - X_s) + b_1(Y - Y_s) + c_1(Z - Z_s)}{a_3(X - X_s) + b_3(Y - Y_s) + c_3(Z - Z_s)} \\[3mm] y - y_0 - \Delta y = -f \dfrac{a_2(X - X_s) + b_2(Y - Y_s) + c_2(Z - Z_s)}{a_3(X - X_s) + b_3(Y - Y_s) + c_3(Z - Z_s)} \end{cases} \quad (2.5)$$

式中，(X, Y, Z) 为某物体的物方坐标系坐标；(x, y) 为该物在影像上的位置（像平面坐标系坐标）；(X_s, Y_s, Z_s) 为相机中心的物方坐标系坐标（即外方位线元素）；$(a_1 \sim a_3, b_1 \sim b_3, c_1 \sim c_3)$ 为相机姿态欧拉角（外方位角元素）构成的矩阵元素；(x_0, y_0, f) 为内方位元素，其中 f 为相机主距；(x_0, y_0) 为主点坐标；$(\Delta x, \Delta y)$ 为相机畸变参数（也可包括地图投影等因素造成的系统误差）。式（2.5）在摄影测量领域中称为严格成像模型，常用于地面影像、航空面阵相机影像的摄影测量数据处理，式（2.5）经过改化之后（考虑外方位线元素随时间的变化）也可用于航空线阵影像和已知姿轨数据航天线阵影像的数据处理。

以 IKONOS 为代表的大多数商业高分辨率光学遥感卫星的卫星轨道参数和相机内方位元素（包括畸变参数）通常不向用户公开，而使用有理函数模型（rational function model，RFM）近似描述卫星影像的成像几何，无法使用严格成像模型进行摄影测量数据处理。有理函数模型是将地面点大地坐标和与其对应的像点坐标用多项式比值的形式关联起来的传感器通用成像模型，具体数学形式为

$$\begin{aligned} y_n &= \frac{P_1(\varphi_n, \lambda_n, h_n)}{P_2(\varphi_n, \lambda_n, h_n)} \\[2mm] x_n &= \frac{P_3(\varphi_n, \lambda_n, h_n)}{P_4(\varphi_n, \lambda_n, h_n)} \end{aligned} \quad (2.6)$$

式中，(x_n, y_n) 和 $(\varphi_n, \lambda_n, h_n)$ 为归一化的影像坐标和物点大地坐标，即

$$\begin{aligned} y_n &= (y - y_0)/y_s \\ x_n &= (x - x_0)/x_s \\ \varphi_n &= (\varphi - \varphi_0)/\varphi_s \\ \lambda_n &= (\lambda - \lambda_0)/\lambda_s \\ h_n &= (h - h_0)/h_s \end{aligned} \quad (2.7)$$

$P_1 \sim P_4$ 为大地坐标的三次多项式。

$$\begin{aligned} P_1(\varphi_n, \lambda_n, h_n) &= a_1 + a_2\lambda_n + a_3\varphi_n + a_4 h_n + a_5\lambda_n\varphi_n \\ &\quad + a_6\lambda_n h_n + a_7\varphi_n h_n + a_8\lambda_n^2 + a_9\varphi_n^2 + a_{10}h_n^2 \\ &\quad + a_{11}\lambda_n\varphi_n h_n + a_{12}\lambda_n^3 + a_{13}\lambda_n\varphi_n^2 + a_{14}\lambda_n h_n^2 + a_{15}\lambda_n^2\varphi_n \\ &\quad + a_{16}\varphi_n^3 + a_{17}\varphi_n h_n^2 + a_{18}\lambda_n^2 h_n + a_{19}\varphi_n^2 h_n + a_{20}h_n^3 \end{aligned} \quad (2.8)$$

$$P_2(\varphi_n, \lambda_n, h_n) = b_1 + b_2\lambda_n + \cdots + b_{20}h_n^3$$

$$P_3(\varphi_n, \lambda_n, h_n) = c_1 + c_2\lambda_n + \cdots + c_{20}h_n^3$$

$$P_4(\varphi_n, \lambda_n, h_n) = d_1 + d_2\lambda_n + \cdots + d_{20}h_n^3$$

式中，$a_1 \sim d_{20}$ 称为有理多项式参数（rational polynomial coefficients, RPC）。以有理函数模型为代表的传感器通用成像模型具有简单一致的数学形式，避免了不同传感器严格成像模型中多种姿轨数据和相机畸变参数定义形式的复杂转换过程，从而简化了摄影测量数据处理过程，并降低了对用户专业水平的要求，目前已成为航天影像摄影测量数据处理的主流数学模型。

如果已获取高精度的影像内外方位元素或有理多项式参数，可以通过逐像素匹配及多像前方交会得到密集点云，继而实现数字高程模型和数字正射影像的生产。在实际测量条件下，由于未进行姿态测量或影像内外方位元素精度不高等，通常需要借助一定数量的地面控制点解算或精化影像外方位元素，工作流程主要包括影像特征点提取、影像匹配和光束法平差等步骤。

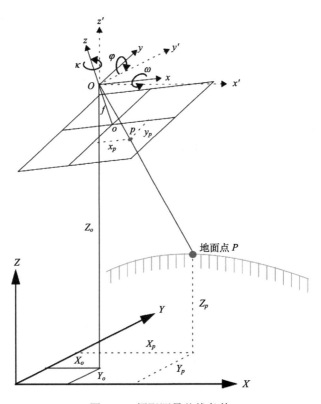

图 2.15　摄影测量共线条件

2.2　微　波

冰、雪、冻土的微波特性包括辐射特性和散射特性，辐射特性和散射特性与目标物的介电特性、几何结构和其他性状相关。

2.2.1　冰、雪及冻土的微波介电特性

地物的形态、几何构造和介电特性决定了微波与其相互作用的辐射响应，即地物对微波的散射、传输和吸收等，并最终决定微波遥感获得的来自地物的热辐射和散射信息。

1. 冰的微波介电特性

对于纯冰的相对介电常数，在频率为 0.1MGHz～300GHz 的频段，它的实部 ε_i' 与频率无关，且受温度的影响非常小，通常可认为它等于常数 3.15。ε_i' 在温度（T）为 273K 时达到最大值 3.19，当温度>240K 时，它与温度存在线性关系，表达式如下：

$$\varepsilon_i' = 3.1884 + 9.1 \times 10^{-4}(T - 273) \quad 243K \leqslant T \leqslant 273K \tag{2.9}$$

当 T<100K 时，$\varepsilon_i' \approx 3.10$。

纯冰的相对介电常数的虚部 ε_i'' 不但随频率变化，还与温度相关，表达式如下所示：

$$\varepsilon_i'' = \frac{a}{f} + bf^c \tag{2.10}$$

式中，f 为频率（GHz）；c 为随温度变化的参数，与 1 非常接近；a 和 b 同样也是与温度相关的参数。当冰中含有杂质时，会显著改变实部与虚部的特性，尤其是虚部，其介电常数与盐度、温度、气泡都有关。

2. 积雪的微波介电特性

积雪的介电常数由冰和液态水的介电特性及它们的容积率决定。一般将液态水含量定义为液态水的体积占湿雪总体积的百分数，也称为雪湿度 m_v。

湿雪介电常数的实部 ε_{ws}' 为冰的介电常数的实部 ε_{ds}' 和雪湿度 m_v 的函数之和。

$$\varepsilon_{ws}' = \varepsilon_{ds}' + 0.206m_v + 0.0046m_v^2 \quad 0.01GHz \leqslant f \leqslant 1GHz \tag{2.11}$$

$$\varepsilon_{ws}' = \varepsilon_{ds}' + 0.02m_v + [0.06 - 3.1 \times 10^{-4}(f - 4)^2]m_v^{1.5} \quad 4GHz \leqslant f \leqslant 12GHz \tag{2.12}$$

如图 2.16 所示，ε_i'、ε_i''、ε_w'、ε_w'' 分别为冰介电常数的实部与虚部及水介电常数的实部和虚部，其中水的介电常数远大于冰。水介电常数的实部 ε_w' 随着频率的增大而逐渐降低，在频率低于 10GHz 时，它比冰介电常数的实部 ε_i' 大 10 倍以上；而在微波的频率区间，水介电常数的虚部 ε_w'' 与 ε_i'' 相比要超出两个数量级。由此可见，雪湿度 m_v 的大小是影响湿雪介电常数变化的关键因素，随着 m_v 的增大，湿雪介电常数呈增大的趋势。此外，水的介电常数随频率的不同而呈现显著变化，频率因此成为决定湿雪介电常数的又一重要因素。

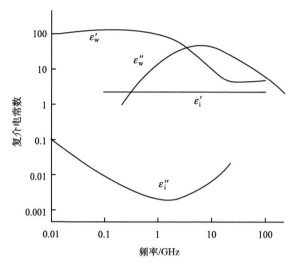

图 2.16　冰（−1℃）和水（0℃）的复介电常数与频率的关系图

与纯冰的介电常数相比，湿雪介电常数同样受频率的影响，不同的是，湿雪中液态水含量的变化给它带来了显著的变化。

3. 冻土的微波介电特性

冻土的介电常数取决于液态水的比例。冻土中并不是所有的液态水都在 0℃或以下时冻结，而是依赖于温度、盐度、初始湿度和土壤质地，冻土的介电常数如下所示（Tedesco, 2014）：

$$\varepsilon_{fs}^{\alpha} = 1 + \frac{\rho_b \left(\varepsilon_s^{\alpha} - 1 \right)}{\rho_s} + m_{vu}^{\beta} \varepsilon_w^{\alpha} - m_{vu} + m_i \varepsilon_i^{\alpha} \qquad (2.13)$$

式中，m_{vu} 为液态水的含量；m_i 为冰的含量；ρ_b 为土壤体积；ρ_s 为土壤密度；ε_s、ε_i 和 ε_w 分别为土壤、冰和水的介电常数；$\alpha = 0.65$；β 为关于土壤质地的系数。

由式（2.13）可知冻土介电常数是土壤、冰和空气的介电常数组合，且其实部和虚部影响微波的吸收和散射。

2.2.2　微波遥感探测原理

微波遥感是利用某种传感器接收地面各种地物发射或反射的微波信号，以此来识别、分析地物，提取所需的信息。该技术能够穿透云雾、雨雪，具有全天候工作的能力，且对地物有一定的穿透能力，波长越长，穿透能力越强。微波遥感分为被动微波遥感和主动微波遥感两种方式。

1. 被动微波遥感原理

被动微波遥感是由某种传感器（如微波辐射计）接收地面地物的微波辐射信号。

微波辐射计用于记录目标的亮度温度。实际物体在某一波长下的光谱辐射度（即光谱辐射亮度）与绝对黑体在同一波长下的光谱辐射度相等，则黑体的温度被称为实际物体在该波长下的亮度温度。一般来说，物体的发射特性可以用辐射测量亮度温度表示。地物的亮度温度与其有效物理温度有以下关系：

$$T_b(\lambda) = \varepsilon T_p \tag{2.14}$$

式中，T_b 为微波亮度温度；ε 为微波发射率；T_p 为有效物理温度。亮度温度与频率和极化方式有关。

2. 主动微波遥感原理

主动微波遥感是由传感器发射微波波束，再接收地物反射回来的信号。主动微波传感器类型主要包括微波散射计、真实孔径雷达和合成孔径雷达。

微波散射计的组成包括微波发射器、天线、微波接收机、检波器和数据积分器四部分。它通过发射器发射微波，以及接收机接收地物反射或散射的回波，来测量地物表面或体积的散射或反射特性。

真实孔径雷达，其雷达天线长度是实际长度，雷达波的发射和接收都是以其自身有效长度的效率直接反映到显示记录中。飞行平台在飞行时间内向垂直于航线的方向发射一个很窄的波束，而这个波束在距离方向上却很宽，覆盖了地面上一个很窄的条带，平台不断发射这样的波束，并不断接收地面窄带上的各种地物的反射信号，形成雷达图像。回波信号越强，在图像上就显得越亮。其距离向分辨率与俯角关系甚大，俯角越大，距离向分辨率越差，这也是雷达成像必须侧视的原因。方位向分辨率与雷达天线有关，天线越长，方位向分辨率就越高。

合成孔径雷达（SAR）的概念是相对于真实孔径雷达天线提出的。受雷达天线长度的限制，真实孔径雷达的地表分辨率往往很低，难以满足应用要求，而合成孔径雷达正是解决了利用有限的雷达天线长度来获取高分辨率雷达图像的问题。合成孔径雷达通过发射电磁脉冲和接收目标回波之间的时间差测定距离，其距离向分辨率与脉冲宽度或脉冲持续时间有关，脉宽越窄，分辨率越高。合成孔径雷达通常装在飞机或卫星上，分为机载和星载两种。合成孔径雷达按平台的运动航迹来测距和二维成像，其二维坐标信息分别为距离信息和垂直于距离的方位信息。方位向分辨率与波束宽度成正比，与天线尺寸成反比。飞机航迹不规则，变化很大，会造成图像散焦，必须使用惯性和导航传感器来进行天线运动的补偿，同时对成像数据反复处理，以形成具有最大对比度图像的自动聚焦。因此，合成孔径雷达在一个合成孔径长度内发射相干信号，接收后经相干处理从而得到一幅电子镶嵌图。雷达所成图像像素的亮度与目标区上对应区域反射的能量成正比。总量就是雷达截面积，它以面积为单位。后向散射的程度表示归一化雷达截面积，以分贝（dB）表示。地球表面典型的归一化雷达截面积为：最亮+ 5 dB，最暗–40 dB。

2.2.3　辐射传输模型及散射模型

1. 被动微波辐射传输模型

积雪辐射传输模型：对于积雪，其辐射传输模型可为非均匀介质的 0 级辐射传输模型（曹梅盛等，2006），具体如下所述。

上行辐射：

$$T_0^+(z,\mu_s) = \int_{-d}^{z} \kappa_{as} T e^{-\kappa_{es}(z-z')} \mathrm{d}z' + \frac{1}{2} e^{-\kappa_{es}(z+d)} \int_0^1 G(\mu_s, -\mu) T^-(-d,\mu) \mathrm{d}\mu + e^{-\kappa_{es}(z+d)} e_g T_g \qquad (2.15)$$

下行辐射：

$$T_0^-(z,\mu_s) = \left[\frac{1}{2} \int_0^1 S_R(-\mu_s,\mu) T^+(0,\mu) \mathrm{d}\mu \right] e^{\kappa_{es}z} + \int_z^0 \kappa_{as} T e^{\kappa_{es}(z-z')} \mathrm{d}z' \qquad (2.16)$$

式中，S_R 和 G 采用不包括方位角的零阶傅里叶展开项，S_R 为表面散射相矩阵，G 为地表散射相矩阵；e_g 为下覆底层半空间的发射率；T_g 为下覆介质的温度，它与极化方式无关；$\kappa_{es} = \kappa_e / \mu_s$；$\kappa_{as} = \kappa_a / \mu_s$；$\kappa_e$ 为消光系数；$\mu_s = \cos\theta_s$；θ_s 为透射角度。

以上行辐射为例，第一项表示整层介质向上的辐射；第二项表示向下的辐射被下界面反射后的上行辐射，它在经过非均匀介质时受到散射而削弱；第三项表示下覆介质的热辐射，它在上行过程中又被消光。

冻土辐射传输模型：将冻土看作半空间上的均匀介质来建模，冻土亮度温度（brightness temperature, TB）T_b 表示为（曹梅盛等，2006）

$$T_b = e(\lambda)[T_g + \frac{1}{\kappa_e \cos\theta_t}\left(\frac{\partial T}{\partial z}\right)z = 0] \qquad (2.17)$$

式中，e 为发射率；T_g 为土壤表层温度；κ_e 为土壤消光系数；θ_t 为透射角；T 和 z 分别为土壤温度和深度。该模型说明由冻结引起的土壤亮度温度变化量可正可负，取决于土壤含水量，在同样降温条件下，含水量很少的干土在冻结时由于发射率无明显变化，亮度温度降低；而含水量较多的土壤，发射率则明显跃增。

2. 后向散射模型

由于积雪是由松散的冰晶颗粒组成的，因此对微波有较强的散射作用，这也是积雪微波遥感反演的核心理论。相对于积雪，冰和冻土的结构相对密实，其散射也相对较弱。下面以积雪为例介绍微波后向散射模型。

在主动微波中，决定微波后向散射的因素有很多。冰雪表面对微波的散射作用分为体散射和面散射，其中面散射取决于表面介电常数和表面粗糙度引起的单次散射和布拉格散射；而体散射还要考虑微波的吸收和多次散射，因而其取决于介电常数和内部结构，包括液态水、密度、颗粒大小、组成等；同时后向散射还受到波长、极化、入射角等的影响。

积雪的后向散射一般包括以下分量：①空气-雪界面的后向散射；②雪的体散射；

③下覆界面的散射；④上下两个界面之间的多次散射。

干雪和湿雪的散射特性是不同的，以下分析积雪的总后向散射系数中以上 4 项的贡献。

（1）对于空气-雪界面的后向散射，由于干雪和空气的介电常数相近，雪面透射率高而反射率低，因此①项对于总散射的贡献很小。此外，由于积雪表面通常较光滑，所以总的后向散射对表面粗糙度也不敏感。但对于湿雪，主要贡献来自表面散射，特别是当其水分含量小于 5%时，表面散射项会主导总的散射贡献，而且总的后向散射系数对粗糙度非常敏感。

（2）当频率很高时，干雪的体散射对总的散射起着主要的贡献，特别是当雪的厚度较大时，电磁波难以穿透积雪层，体散射会完成"覆盖"下覆介质的散射；当频率较低时，雪的消光系数很低，雪层几乎是透明的。湿雪的体散射项贡献相对较小。

（3）当频率较高时，下覆界面的散射贡献很小，总的散射系数对下覆界面的粗糙度也不敏感。当频率较低时，或者雪的消光系数很小（雪层浅、密度低、颗粒小）时，下覆界面的散射会成为主要项。

（4）上、下两个界面之间的多次散射总体上是小项，许多零级模型忽略了这一项，但当雪层的反照率较大时，则必须考虑多次散射的贡献。

计算雪的后向散射系数的模型在理论上都是相似的，它们大多是辐射传输方程的零级或者一级近似。

2.2.4　合成孔径雷达干涉测量

SAR 是一种侧视雷达成像传感器，根据搭载平台的不同，其可分为星载、机载、地基、弹载、舰载、车载等；根据两次观测天线之间的几何位置，SAR 可分为交叉轨道干涉测量模式、重复轨道干涉测量模式和沿轨道干涉测量模式。下文中，如果没有特殊说明，均是相对于重复轨道干涉测量模式而言的。相对于光学与红外遥感而言，采用 SAR 技术研究冰川、冻土具有以下两个方面的优势：①SAR 主动发射微波信号获取经过目标反射的后向散射信号，具有穿云透雾的特性，可实现全天时全天候监测；②SAR 发射的微波信号可穿透冰川、冻土一定厚度，可获取冰川、冻土地表和次地表的信息。

合成孔径雷达干涉测量（InSAR）技术是一种利用 SAR 对在同一地区进行重复观测获取的两幅复影像（有相位，也有幅度）进行相位干涉处理，提取地表高程（冰川、冻土表面地形）和微小形变信息（冰面、冻土活动层）的技术。InSAR 技术从最初的 D-InSAR 技术发展到时序 InSAR 技术，如 PS-InSAR、DS-InSAR、SBAS-InSAR 和层析 SAR 技术等。随着各国 SAR 卫星发展计划（如美国 L 和 S 波段的双频 NiSAR，德国宇航局的 Tandem-L，欧洲空间局的 BioMASS P 波段 SAR 卫星）的实施和 InSAR 技术的不断进步，InSAR 技术已成为当前地形测绘（冰川、冻土表面地形）与微小形变（冰面、冻土活动层）监测领域最具有潜力的新技术之一。特别是 P 波段，探测冰雪深度可达几十米，对冰下地形、快速冰流运动具有更强的观测能力，使冰川和冻土地表、次地表观测成为可能，为冰川物质平衡、冰川动力学、水文过程和冻土冻融状态、活动层反演、水文与生态相互作用的研究提供新的数据支撑。

1. InSAR 与差分雷达干涉测量技术基本原理

InSAR 几何原理如图 2.17 所示，S_1 和 S_2 分别为飞行平台上的两部天线，假定由 S_1 发射信号，S_1 和 S_2 同时接收从目标返回的信号；B 为空间基线距；θ 为主影像 S_1 的入射角；ρ 为传感器到目标点的距离；S_1 或 S_2 接收到的从目标返回的信号的相位可表示为

$$\varphi = -\frac{2\pi}{\lambda}(\rho_t + \rho_r)$$

(2.18)

式中，λ 为波长；下标 t 和 r 分别表示发射和接收信号的相关参数。两幅天线接收到的信号的相位差为

$$\varphi = \varphi_1 - \varphi_2 = \frac{2\pi}{\lambda}P(\rho_2 - \rho_1)$$

(2.19)

式中，当仅一副传感器发射信号时，则 $P = 1$，即干涉图只反映信号返程的相位差（单轨道双天线模式）；当两个传感器都发射和接收信号时，则 $P = 2$，即反映往返双程的相位差（单天线重复轨道模式）。

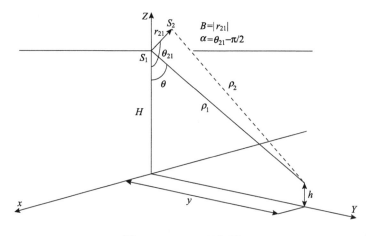

图 2.17　InSAR 几何原理

在两幅影像精确配准后，将对应像素值共轭相乘可得到每个像素上的相位差，形成干涉图或干涉条纹图（interferogram）。

由图 2.17 所示的几何关系模型有

$$\rho_2^2 = \rho_1^2 + B^2 - 2\rho_1 B\cos(\theta - \theta_{21})$$

(2.20)

式中，B 为天线之间的距离，称为空间基线，简称基线。设 $\alpha = \theta_{21} - \dfrac{\pi}{2}$，称为水平方向基线角，则有

$$\sin(\theta - \alpha) = \cos(\theta - \theta_{21})$$

$$= \frac{\rho_1^2 - \rho_2^2 + B^2}{2\rho_1 B}$$

$$= \frac{(\rho_1 - \rho_2)(\rho_1 + \rho_2)}{2\rho_1 B} + \frac{B}{2\rho_1} \tag{2.21}$$

$$\approx \frac{\rho_1 - \rho_2}{B}$$

$$= \frac{-\lambda\varphi}{2\pi PB}$$

通常由 ρ_1 和 B 可以得出

$$\theta = \alpha - \arcsin\left(\frac{-\lambda\varphi}{2\pi PB}\right) \tag{2.22}$$

$$h = H - \rho_1 \cos\theta \tag{2.23}$$

式（2.22）和式（2.23）揭示了干涉相位差 φ 和高程 h 之间的数学关系。通过已知天线位置（参数 H、B、α）和雷达成像系统的参数（θ）等，就可以由 φ 计算出地表（冰川表面）的 h。

通过多次重复雷达干涉测量来探测地表（冰面）形变或变形的技术，称为差分雷达干涉测量技术（D-InSAR）。D-InSAR 技术主要可以分为二轨法、三轨法、四轨法。二轨法（2-pass）最早由 Massonnet 提出，它利用外部 DEM 来去除地形引起的相位，只需要 2 景 SAR 影像和外部 DEM。具体来说，先将外部 DEM 和主影像配准，再由 DEM 模拟干涉相位，最后从干涉相位中去除外部 DEM 对应的地形相位得到形变相位，并将其转换成雷达视线向形变量，是 D-InSAR 中简单易行的方法。除外部 DEM 误差以外，形变相位还包括大气对微波信号延迟造成的相位残差，同时也受到地形和两幅影像之间几何参数差异的影响，差分后的干涉相位一般可表达为

$$\varphi_{\text{InSAR}} = \varphi_{\text{defo}} + \varphi_{\text{topo}} + \varphi_{\text{flat}} + \varphi_{\text{orbit}} + \varphi_{\text{APS}} + \varphi_{\text{noise}} \tag{2.24}$$

2. 时序 InSAR 技术

针对 D-InSAR 技术应用中存在的时间与空间去相关问题及大气效应问题，研究人员提出了基于高相干雷达目标的时序 InSAR 技术，其在近十多年发展较快。按照干涉组合配置方式的不同，其可分为基于高相干点目标的单主影像时间序列 InSAR 技术和基于高相干点面目标的多主影像时间序列 InSAR 技术。单主影像时间序列 InSAR 技术只使用高相干稳定点目标获取地表形变信息，如 PS-InSAR、DS-InSAR。永久散射体 InSAR（persistent scatterer, PS-InSAR）技术或分布式点目标（distributed scatterer，DS）技术的基本原理是利用多景同一地区的 SAR 影像，通过统计分析时间序列上幅度和相位信息的稳定性，探测不受时间、空间基线去相关影响的稳定点目标。这些点目标可能是人工建筑、裸露的岩石、人工布设的角反射器和自然地表等。多主影像时间序列 InSAR 技术利用部分高相干分布式目标获取地表形变信息，如 SBAS-InSAR。该方法通过将获取的影

像进行合适的组合，得到一系列短时空基线差分干涉图（small baseline subset, SBAS），这些差分干涉图能够较好地克服空间去相关影响。在上述这些时序 InSAR 基础上发展起来的相干点目标识别、三维相位解缠算法等将常规的 D-InSAR 技术推向了新阶段，在地表形变监测方面发挥了重要作用，在监测冰川冰盖、冻土活动层动态变化及分析其动态过程等方面具有较大潜力。

3. 极化干涉 SAR 技术

SAR 通过发射电磁波和接收散射回波来获取目标信息。垂直于电磁波传播方向的平面上有两个相互垂直的变量：电场强度 E 和磁场强度 H。电磁波在与其传播方向垂直的平面上的时空变化轨迹称为极化（polarization）。如图 2.18 所示，定义坐标系 $(\hat{v}, \hat{h}, \hat{z})$，$\hat{z}$ 为波传播方向，$\hat{v}$ 和 $\hat{h}$ 分别为垂直线极化方向和水平线极化方向。任一极化电磁波可由正交线极化上的两个分量表示为

$$E(z,t) = \hat{v}E_v + \hat{h}E_h \tag{2.25}$$

$$E_v = E_{0v} \cos(kz - \omega t + \varphi_v) \tag{2.26}$$

$$E_h = E_{0h} \cos(kz - \omega t + \varphi_h) \tag{2.27}$$

式中，E_v 和 E_h 分别为电场垂直和水平极化复分量；E_{0v} 和 E_{0h} 分别为电场垂直和水平极化复分量的幅度；φ_v 和 φ_h 分别为电场垂直和水平极化复分量的相位；ω 为角频率；k 为电磁波的波数；z 为波传播方向 $\hat{v}$ 上的距离；t 为时间。

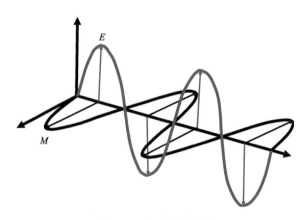

图 2.18　电磁场示意图

电磁波的极化描述了电磁场中电场矢量的顶端在垂直于传播方向的平面上随时间变化在一个周期内产生的轨迹。

基于电磁波的极化，极化 SAR（polarimetric SAR, PolSAR）通过水平跟垂直这两种不同的极化方式收发电磁波，进而接收地面目标散射物不同极化组合的散射回波的高级 SAR 系统，其接收的散射回波中包括目标散射的强度、相位等特征。由于地物和电磁波的相互作用，存在目标散射波的变极化现象，但地物目标的电磁散射是一个线性过程，

在特定条件下可以进行入射波与目标散射波的线性变换，通常用一个 2×2 复数矩阵。假设一极化电磁波 $E^{\mathrm{tr}} = \hat{v}E_v^{\mathrm{tr}} + \hat{h}E_h^{\mathrm{tr}}$ 入射在散射体上后被散射回去，远场近似下的散射场 E^{re} 可写为

$$E^{\mathrm{re}}(r) = \begin{bmatrix} E_v^{\mathrm{re}} \\ E_v^{\mathrm{re}} \end{bmatrix} = \frac{\mathrm{e}^{\mathrm{i}kr}}{r}[S] \times E^{\mathrm{tr}} = \frac{\mathrm{e}^{\mathrm{i}kr}}{r}\begin{bmatrix} S_{vv} & S_{vh} \\ S_{hv} & S_{hh} \end{bmatrix}\begin{bmatrix} E_v^{\mathrm{tr}} \\ E_v^{\mathrm{tr}} \end{bmatrix} \tag{2.28}$$

式中，上标 tr 表示发射天线发射到散射体上的入射波；上标 re 表示接收天线接收到的来自散射体的后向散射波；r 为散射目标与接收天线之间的距离。由式（2.28）可以看出，整个散射过程可表示成一个基于 2×2 复数矩阵[S]的线性变换，该复数矩阵[S]被称为极化散射矩阵，它包括散射体的所有信息，它完全代表了一个确定性散射目标。极化散射矩阵的每个元素 $S_{pq}(p, q = v, h)$ 表示 p 极化入射、q 极化散射的复散射振幅函数。

PolSAR 的设计理念在于通过测量与充分利用不同自然、人造散射体的极化属性，以更好地进行定性的、定量的地物、目标物理特性分析。通过测量一个完整的极化散射矩阵构建一个信息更丰富的观测空间，该空间对于散射体的形状、朝向和介电属性敏感，在此基础上实现构建地物要素识别模型和散射机制分析模型。

根据本节的干涉原理，利用 InSAR 技术获取地物目标的高度信息主要依赖于该技术获取的干涉相位信息。运用 InSAR 技术在实际处理过程中有一个假设前提，即在给定的高度参考平面上，图像中每个像素中的地物信号回波是从一个散射中心被散射回来的，因而测得的相位差就与给定的参考平面的高度成正比。然而，由于不同散射机制地物的存在，在实际情况下，分辨率单元内往往同时存在多种散射机制，同时在地面坡度、粗糙度等因素的影响下，地物对电磁波散射的实际过程极为复杂，使得分辨率单元中不同散射的相位中心也可能位于不同高度上。在上述情况下，应用 InSAR 技术获得的干涉图中的相位差所反映的就不是某一散射中心的高度，而是所有地面目标散射中心的平均高度。为了获取不同散射的散射中心高度，我们需要将不同的散射机制分解开，对其单独进行分析研究。PolSAR 技术提供了一套行之有效的方法来实现若干不同的散射机理的分解，利用目标极化散射矩阵[S]数据，可以将随机媒质的散射过程分解成若干不同的散射机理，即根据目标的极化散射分解，对极化信息的统计分析或者对散射模型的分析，有助于理解目标散射机理和目标的散射过程（Cloude and Pottier, 1996）。

极化干涉 SAR（polarimetric SAR interferometry, PolInSAR）就是将极化和干涉结合起来，利用两幅全相干的极化数据做干涉处理，利用极化干涉矩阵分解出不同散射机制，进而分析其所包括的相位、散射能量信息，有效地实现了地表不同散射机制垂直结构信息的获取，既具有 InSAR 技术对目标散射体的空间分布敏感的特性，又具有 PolSAR 几乎是对目标散射体的形状和方向敏感的特性，为高精度数字高程信息和观测对象形变信息的提取提供了可能。自 Cloude 和 Papathanassiou（1998）提出 PolInSAR 概念和最优相干分解理论，以及 Treuhaft 和 Siqueria（2000）提出极化干涉相干模型以来，PolInSAR 已成功用于积雪及冰盖参数估计等研究中。PolInSAR 将极化多样性引入 InSAR 中，充分利用极化对目标散射特征的敏感性和 InSAR 对目标空间位置的确定能力，对散射体的散射特性及高度等参数进行有效反演，也是当前主动微波遥感领域的一个前沿方向，这

已被证明是实用有效的三维结构参数反演的技术手段,从 X 波段至 P 波段都得到了成功的实验应用。

4. TomoSAR 技术

合成孔径雷达层析(SAR tomography 或 TomoSAR)成像技术是指通过不同的视角,对同一观测区域多次成像,再将获得的多幅二维 SAR 成像结果在高度维上再次进行孔径合成,实现第三维成像的技术。与 InSAR 测高技术相比,SAR 层析成像技术除了可以获取观测目标的高程信息以外,还能够较为准确地获取目标散射体在高度维上的相对分布情况,进而提高同一距离-方位散射单元目标的分辨能力,完全恢复观测对象的三维场景,并且克服了实验场景中散射像元的叠掩现象,为目标的分类和识别提供了更多依据。雷达层析成像概念最初由 Chan 和 Farhat 等第一次提出,在此基础之上,很多学者对成像算法进行了初步探索。Piau 和 Homer 等将其引入合成孔径雷达中,从而克服并突破了传统 SAR 二维成像的局限性,实现了类似医疗领域的 CT 三维聚焦成像。随后,Lombardini 首次将层析 SAR 技术与 D-InSAR 技术相结合,提出了差分层析合成孔径雷达(differential tomography SAR, D-TomoSAR)四维成像技术,不仅能够通过空间基线获得多散射体的高度信息,而且能利用时间基线获取其变化速度,相比于 D-InSAR 技术,该方法能够获得更详细的散射目标位置的变化。

由于利用 TomoSAR 成像技术不仅能够获得目标散射体的高程信息,同时还可以获取散射体在高度向上的分布,实现真实三维场景的恢复。因此其在冰川厚度、冰流速率、冰下结构、冰下地形等方面具有巨大的应用潜力。TomoSAR 三维成像处理可以分为两个阶段:一是常规的二维 SAR 成像,二是高度维的聚焦,后续的高度维成像需要使用 SAR 影像的相位信息。TomoSAR 成像具有 N 幅天线,可以得到 N 幅图像,N 幅图像经精确配准后,图像上相同位置的像素就对应着地面上的同一点。N 幅图像上相同位置的像素值构成一个长度为 N 的序列,对这个序列进行傅里叶变换,便可得到高度维图像。

2.3 重 力 测 量

地球重力场的确定在过去主要依靠地面重力测量与海空重力测量、卫星测高和低轨卫星跟踪三种资料的综合,低频信号主要依靠卫星跟踪资料恢复提取,高频信号来自地面及海空重力观测和卫星测高资料。卫星重力测量是以卫星为载体,利用卫星本身为重力传感器或卫星所携带的重力传感器观测地球重力场所引起的卫星轨道摄动或者直接观测与地球重力场有关的参量,以这些数据资料来确定地球重力场的方法和技术。随着航天技术的发展,卫星重力测量以其全球高覆盖率、全天候、不受地缘政治和地理环境影响等独特优势,受到了越来越多的重视,已成为获取全球重力场模型的有效手段。CHAMP 卫星利用轨道摄动原理恢复低阶重力场,GRACE 卫星同时利用轨道摄动原理和低低卫卫跟踪(low-low satellite-to-satellite tracking)技术恢复中高阶重力场及时变,GOCE 卫星分别利用轨道摄动和重力梯度原理恢复低阶和高阶静态地球重力场。特别是 2002

年发射的 GRACE 重力卫星，以前所未有的精度和时空分辨率，观测到了全球时变重力场信号，提供了连续监测全球表层质量迁移和重新分布的直接观测手段，从而为研究地球各圈层之间的质量交换过程提供了重要技术手段，已在极地冰盖研究和高山冰川研究中得到了广泛应用。

GRACE 卫星由两颗相距 220 km 的低轨卫星组成，轨道高度近 500 km，轨道倾角为 89.5°，近极圆轨卫星。卫星轨道低，对地球重力场敏感度高；差分观测，抵消测量中的许多公共误差；星载 GPS 接收机同时接收多颗 GPS 卫星，提高确定卫星轨道的精度；星载三轴加速度仪直接测量非保守力摄动加速度；K 波段微波测距和测速，双星速率变化的测定精度优于 10^{-6}m/s；卫星上装有激光发射镜，实现人工激光测距的辅助定轨和轨道的检核；卫星上还装载了确定卫星方位的恒星照相机阵列及其他设备。

GRACE 卫星的数据处理系统主要由喷气动力实验室（JPL）、美国得克萨斯大学空间研究中心（CSR）和德国波茨坦地学中心（GFZ）共同完成，数据产品分为 Level-0、Level-1A、Level-1B、Level-2 和 Level-3 数据等。Level-2 数据产品为用户主要采用的产品，包括 GSM、GAA、GAB、GAC 和 GAD 等。GSM 为 GRACE 数据解算的大地水准面模型的球谐系数，GAA 为大气模型对应的球谐系数，GAB 为海洋模型对应的球谐系数，GAC 为大气海洋模型对应的球谐系数（全球），GAD 为大气海洋模型对应的球谐系数（海洋）。GSM 产品扣除了非潮汐大气、高频海洋信号、海潮、固体潮和极潮等信号，其主要反映地表质量重分布引起的时变重力（Bettadpur, 2012; Flechtner et al., 2014）。在上述三个机构发布了 GRACE 数据产品（CSR、GFZ、JPL）以后，国际上一些研究机构相继推出了一系列 GRACE level-2 数据产品，如 ITSG-Grace2016、Tongji Release 02 new version 等，产品的最高阶次提供了 60、90、120 不同的版本。根据 Wahr 等（1998）的研究，任意时段的重力场变化可转化为地表密度变化 Delta：

$$\text{Delta}(\theta,\varphi)=\frac{a\rho_{\text{ave}}}{3}\sum_{l=0}^{\infty}\sum_{m=0}^{l}\tilde{P}_{lm}(\cos\theta)\frac{2l+1}{1+k_{l}}\big(\Delta C_{lm}\cos(m\varphi)+\Delta S_{lm}\sin(m\varphi)\big) \qquad (2.29)$$

式中，a 为地球赤道半径；θ、φ 为余纬和经度；ρ_{ave} 为地球平均密度（5517 kg/m³）；l 和 m 分别为阶数和次数；$\tilde{P}_{lm}(\cos\theta)$ 为归一化缔合勒让德函数；k_l 是 l 阶负荷勒夫数（Farrell, 1972）；ΔC_{lm} 和 ΔS_{lm} 为 GRACE 模型 Stokes 系数在时段内的变化。

2.4　激光雷达测量

激光雷达系统通过激光器向观测目标发射可见光或近红外光波段的激光束，经由大气传播到达目标表面，与目标表面发生相互作用后反射或散射，然后接收装置接收回波信息，以此完成目标几何和物理特性的观测。现有激光雷达系统有地面站、机载、星载等不同平台类型，通过断面或者扫描等方式对地球表面目标进行多尺度三维观测。由于其能够直接获取地表三维坐标，可以对表面纹理匮乏的冰川表面及其时空变化进行三维监测，在冰川地形地貌、冰架崩解、物质平衡、海冰参数反演等方面已有应用。目前，相对于地面站和机载激光雷达系统，星载激光雷达系统在冰川监测方面的应用更为广泛，如近极轨道卫星 ICESat-1、ICESat-2、资源三号 02 星。

激光雷达系统主要由激光雷达、全球定位系统及姿态测定系统（如陀螺仪）等传感器和控制设备组成。利用全球定位系统可以间接测定激光雷达的观测中心位置；惯性导航单元可以测定和推理出激光雷达的三个姿态信息，即俯仰角、航偏角和侧滚角；激光雷达可以测量观测中心到观测目标的距离，以及记录激光器的扫描旋转角度，如图 2.19 所示。由此，利用式（2.30）就可解算出观测目标的三维坐标。其中，全球定位系统和惯性导航单元观测数据都是在各自的独立坐标系下，与激光雷达的参考中心和坐标轴方向存在差异，如图 2.19 所示。因此，需要通过检校来确定不同传感器坐标系之间的转换矩阵，使全球定位系统观测数据、惯性导航观测数据和激光雷达系统数据转换到统一的空间参考下。此外，不同平台激光雷达系统数据处理可能存在一定差异，需要进一步特别处理，例如在 ICESat 卫星 GLAS 激光雷达系统坐标解算过程中，由于观测距离长、激光束传播过程中会出现大气条件变化，以及海洋潮汐、固体潮、大气负荷等引起的地表高程变化等，需要进行大气延迟、潮汐等改正处理。

$$
\begin{vmatrix} x \\ y \\ z \end{vmatrix} = \begin{vmatrix} x_0 \\ y_0 \\ z_0 \end{vmatrix} + R(\omega, \varphi, \kappa) \begin{vmatrix} 0 \\ R \cdot \sin\theta \\ -R \cdot \cos\theta \end{vmatrix}
\tag{2.30}
$$

式中，(x, y, z) 为目标的三维坐标；(x_0, y_0, z_0) 为激光雷达系统的观测中心坐标；R 为激光器观测中心到目标的观测距离；$(\omega, \varphi, \kappa)$ 为激光雷达系统测量瞬间的姿态信息；θ 为激光发射器的旋转角度。

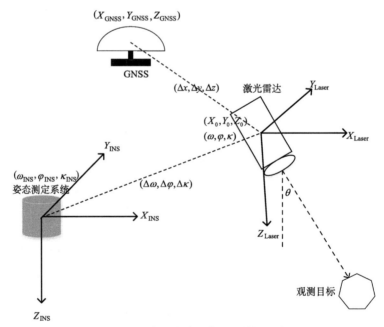

图 2.19　传感器关系及其观测数据示意图

在目标三维坐标解算过程中，各类传感器的数据观测和解算至关重要。其中，全球定位系统和姿态测定系统获取位置和姿态信息的原理可以参考相关资料，本书不进行讲述。本书主要介绍激光雷达如何测定观测中心与目标之间的距离。激光雷达系统观测模式，如脉冲式和相位式不同，距离的计算方法也会存在差异。相位式激光雷达系统是向观测目标发射连续的调制脉冲，并比较接收时刻和发射时刻之间的相位差，确定观测中心与目标之间的距离。脉冲式激光雷达系统通过探测接收到的后向散射信号中的有效回波位置，确定回程时间（time-of-flight），计算距离，如式（2.31）。目前，商业相位式激光雷达系统的观测距离相对较短，主要应用于逆向工程、室内建模等方面，难以适用于冰川监测。因此，脉冲式激光雷达系统成了冰川监测的首选，也是现有激光雷达系统主要采用的观测模式，如 Riegl 激光雷达系统系列产品、Optech 激光雷达系统系列产品及星载激光雷达测高系统 ICESat-1 和资源三号 02 星激光雷达测高系统。

$$R = \frac{c}{n} \cdot \frac{t}{2} \tag{2.31}$$

式中，R 为激光器观测中心到目标的距离；c 为光束在真空中的传播速度，即 299792458 m/s；t 为脉冲目标观测的回程时间；n 为大气折射率，用于改正光束传播速度，主要由大气温度、压强及相对湿度决定。

2.5　探 地 雷 达

探地雷达（ground penetrating radar，GPR）是近几十年发展起来的一种利用电磁波进行介质内部结构无损探测的地球物理技术，其工作频率范围通常介于 1～1000 MHz。探地雷达的发展始于 Cook 在 1960 年的实验研究，于 20 世纪 70～80 年代逐步走向成熟，从 20 世纪 90 年代开始，探地雷达在发射波形调制方式、天线设计、数据采集和数据处理等方面都呈现快速发展态势，电磁波所使用的频段由几十兆赫兹扩展到几百至上千兆赫兹，分辨率达到厘米或毫米级，勘测方式也由二维扩展到三维（曹梅盛等，2006）。探地雷达具有高效、快速、连续、无损和高分辨率成像等特点，其在调查冰川厚度、冰下地形、冰川内部结构、冻土分布及冻土活动层的不稳定性等方面得到了广泛的应用。常规的探地雷达主要基于地面观测（图 2.20），比较适合中小尺度范围的快速测量，其无法对山区冰川、冻土等地形崎岖不平或难以到达的区域进行测量。机载探地雷达（图 2.20）通过将探地雷达系统搭载在如无人机、热气球或直升机等空中移动平台上，从而实现对大面积或难以到达区域的快速、高密度测量。

探地雷达方法通过发射天线向地下发射高频电磁波（1～1000 MHz），电磁波在地下介质传播过程中遇到介电性质不连续的分界面时会发生反射，反射回地面的电磁波通过雷达接收天线接收。根据接收到的反射电磁波的旅行时间（也称为双程走时）、振幅强度与波形资料，可以推断地下介质的类型、空间位置和结构特征，如用于分析冰川内部结构、冰体厚度、冰岩界面埋设深度及冻土活动层深度等信息。探地雷达系统主要由主机（主控单元）、发射机、发射天线、接收机、接收天线五部分组成。发射天线和接收天线成对出现，用于向地下发射雷达波和接收来自地下反射的雷达波。主机是一个采集系统，用于发送发射和接收控制命令（包括起止时间、发射频率、重复次数等参数）。发射机根据主机命令向地下发射雷达波，而接收机根据控制命令进行数据采集。接收机将所有接收的反射信号通过主机设备处理、分析并将其转换成与时间序列有关的电磁波信号，从而构成探测位置处的探地雷达电磁波记录图谱，主要包括探地雷达波谱的振幅、双程走时及相位等内容。另外，所有记录测线上各监测坐标的记录内容构成齐全的探地雷达剖面图。如果对后处理的雷达探测剖面进行图像反演，就能分析出雷达电磁波谱在探测区域的传播速度，并以此来分析地下介质的空间位置和结构特征。

图 2.20　地面及机载探地雷达系统示意图

用 GPR 探测冰川和冻土结构的原理和方法相同，但因为两者探测目标不同，所以视作传输电磁波的背景介质和杂质也就不同。前者以冰体为背景，岩屑等均为杂质；后者则相反，即以冻土为背景介质，冰透镜体为目标体。此外，从原理上说，GPR 与用于冰川的无线电回波探测（radio-echo sounding，RES）技术相同，但两者设备有下列不同之处：GPR 是收发分置的雷达，它利用一个天线发射高频电磁波，另一个天线接收来自地下介质界面的反射波；而 RES 是用于探测数千米冰盖厚度的技术，使用的是方向性好且能量集中的窄带脉冲电磁波，它的天线集发射与接收于一体。它们与微波遥感的不同之处在于，GPR 和 RES 都通过对时域波形的处理和分析来推断介质的属性，常常只使用一个频率，极化信息不重要；而微波遥感使用介质在不同频率、不同极化状态下的散射和辐射特性推断介质的属性，多波段、多极化是微波遥感的显著特征。

思　考　题

1. 微波遥感探测冰、雪及冻土的基本原理是什么？
2. 热红外和被动微波获取的地表辐射亮度都称为亮度温度，两者有何异同？

第3章
陆地冰冻圈遥感

车涛　李新武　邱玉宝　李新　冉有华　晋锐　傅文学　江利明　戴礼云

冰冻圈大体上可划分为陆地冰冻圈、海洋冰冻圈和大气冰冻圈。陆地冰冻圈主要由冰川（含冰盖）、积雪、冻土和河湖冰组成。针对陆地冰冻圈的典型要素，如冰川、冰盖、积雪、冻土和河湖冰，本章将详细介绍遥感观测这些典型要素参数的基本原理和思想、方法和技术、典型应用和发展趋势。内容安排如下，第一节主要介绍冰川（含冰盖）遥感；第二节主要介绍积雪遥感；第三节主要介绍冻土和表面冻融遥感；第四节主要对河湖冰遥感进行介绍。

3.1　冰川（含冰盖）

冰川是陆地冰冻圈系统的主要组成部分，是全球重要的固体淡水资源库。更重要的是，冰川是全球或区域气候变化的指示器，通过对冰川变化进行监测，可掌握冰川变化的时空特征及其规律，有助于人类理解和认识冰川变化对气候变化的响应和反馈关系，这对人类应对全球气候变化、自然灾害和生态环境保护等方面都有非常重要的意义。借助遥感手段研究冰川的性质和特性（如冰川表面形态、冰体厚度、冰下地形、冰面湖、表面径流、冰裂隙等）、监测冰川的动态变化（冰川运动速度、冰川能量平衡和物质平衡变化等）现已成为大范围冰川制图与监测的必要手段，已成为冰川学研究发展的重要趋势。

3.1.1　冰川地貌

冰川地貌指冰川作用在地表形成的各种冰川侵蚀和堆积地貌。冰川作用包括侵蚀、搬运和堆积三种过程。冰川在运动过程中对基岩进行磨蚀、掘蚀和溯源侵蚀等，形成如角峰、刃脊、冰斗、粒雪盆、冰槛、冰川槽谷（"U"形谷）、羊背岩等冰川侵蚀地貌；冰川运动挟带的固体物质，如漂砾、岩屑及颗粒更细的物质，以不同形式堆积形成的地貌类型，统称为冰川堆积地貌，如中碛垄、侧碛垄、终碛垄、冰碛丘陵等。冰川融水对冰碛物等物质再搬运、改造，形成冰水沉积地貌，有冰水冲积扇、冰砾阜、蛇形丘等。冰川地貌的研究在人类应对全球气候变化、自然灾害和生态环境保护等方面都有非常重要的意义。同时，研究冰川地貌还能帮助我们分辨古冰川作用的范围和性质，对分析冰川扩张和退缩过程具有重要的作用，是研究古气候环境的重要途径。

1. 冰川地貌遥感监测方法

遥感图像中的冰川地貌特征是其电磁辐射差异在遥感影像上的典型反映。按其表现形式的不同，冰川地貌特征可以概括分为"色、形、位"三大类："色"是指冰川地貌在遥感影像上的颜色，包括冰川地貌的色调、颜色和阴影等；"形"是指冰川地貌在遥感影像上的形状，包括冰川地貌的形状、纹理、大小、图形等；"位"是指冰川地貌在遥感影像上的空间位置，包括冰川地貌的空间位置、相关布局等。

各种冰川地貌目标地物在遥感影像中存在着不同的色、形、位差异，构成了可供识别的目标地物特征，例如冰川覆盖的地方，Landsat 影像颜色为蓝色，纹理比较细腻，冰川改造的地方（如冰川塑造作用形成的山地）为红褐色，山峰的棱角比较大；冰碛地貌主要呈红褐色，多为不规则扇形，纹理粗糙，一般形成于冰川的末端；冰碛平原（山麓冰川或宽尾冰川消退，大量冰碛物质形成满布大小漂砾的平原）在影像上呈现不规则的堆积形状，主要分布在地势相对较低的位置，形状受地形的影响和限制，主要呈现为灰褐色，纹理比较粗糙，凹凸不平；冰水平原（冰川融水所携带的大量砂、砾石等物质在冰川前面堆积成的平原）以终碛为标志的明显垄起是冰水平原的重要标志，在有些地方还可以看见以冰水扇为特征的外冲平原，这也属于冰水平原，主要为灰白色，纹理比较细腻。

因此，冰川地貌在遥感影像中的颜色、形状、纹理及相对位置等特征，是分析、解译、理解和识别遥感影像中冰川地貌的基础，进而在 GIS 技术辅助下研究冰川地貌，包括冰川冰斗形态，冰川谷长度，以及侧碛垄、终碛垄、中碛垄位置形态大小等。此外，在基于遥感影像等多源数据进行冰川作用地貌类型解译过程中，利用 DEM 也可辅助定量化计算基本地貌形态类型。

2. 冰川地貌遥感监测应用

冰川地貌遥感监测主要应用于全球气候变化研究和工程建设方面。在全球气候变化研究方面，如利用不同时期的遥感影像来提取流域不同时期的基本地貌类型，分析冰川地貌的变化特征，以及其与气候变化之间的关系。在工程建设方面，由于高原冰川地区海拔高、自然条件恶劣，传统的地质调查方法难以满足工作需求。运用多源遥感数据，在 3S（RS、GIS、GPS）技术支持下，采用遥感图像数字处理、虚拟现实等方法，结合相关地学知识和野外考察资料，对研究区冰川地貌等相关地质信息进行特征信息提取和综合评价，可以为工程技术人员从宏观上把握冰川地区工程地质概况提供直接的资料，为工程建设（如公路、铁路、机场建设）提供科学依据。此外，在古气候环境研究方面，冰川地貌遥感监测也有广泛应用。

3.1.2　冰川表面形态

冰川表面形态或冰川地形是由冰川作用塑造而成的各种冰川侵蚀、堆积地形的总称。

冰川表面形态在冰川考察及研究冰川储量、厚度变化等方面具有重要意义。高时空分辨率地形对于建立冰川水文模型、冰川能量物质平衡模型等具有参考意义。

1. 冰川表面形态遥感监测方法

目前冰川表面形态遥感获取方法有 InSAR、雷达高度计、激光雷达和摄影测量技术。

使用 InSAR 获取山地冰川表面形态通常有两种方法，传统的 InSAR 方法将冰川表面形态相位解缠后做地理编码，直接生成冰川表面形态。D-InSAR 方法采用已知的冰川表面形态与轨道信息生成包括平地与冰川表面形态相位的模拟干涉图，与原始雷达干涉图差分后获取差分干涉图。差分干涉图主要为冰川表面形态残余贡献，将冰川表面形态残余相位解缠，转化为冰川表面形态残余量后做地理编码，而后叠加至原始冰川表面，则可得到现有冰川表面形态。两种方法在数学上由相位向高程转化中等价，但由于差分干涉图相比于原始干涉图具有更小的相位梯度，因此解缠不容易出现整周数错误，解缠更加稳定。由于 SAR 观测是侧视成像过程，山区存在透视收缩（foreshortening）、叠掩（layover）及阴影（shadow）区域。通常星载 SAR 设备采用右侧视方式观测，因此升降轨道数据的透视收缩、叠掩及阴影区域并不相同，采用升降轨数据有助于填补用 InSAR 方法生产冰川表面形态中产生的空洞。同时，雷达波在冰雪表面具有一定的穿透效应，对于利用不同平台获取的冰川表面形态，需要考虑不同雷达波在冰雪表面的穿透深度。

雷达高度计由一台脉冲发射器、一台灵敏接收器和一台精确计时钟构成。脉冲发射器从冰川上空向冰川表面发射一系列极其狭窄的雷达脉冲，接收器探测经冰川表面反射的电磁波信号，再由计时钟精确测量发射和接收的时间间隔，便可计算出高度计质心到星下点瞬时冰川表面的距离，从而获取冰川表面形态。

机载 LiDAR 通常是高度集成化的系统，以 GPS 提供飞机位置信息及以惯导系统（IMU）提供飞机姿态信息。该方法能以高密度及高精度测绘冰川表面形态，密度超过每平方米一点，垂直精度达到分米级，甚至亚分米级。LiDAR 生成的冰川表面形态细节丰富，高精度冰川表面形态可用于提取冰川厚度变化、冰川流动速度，以及作为冰川能量平衡模型输入参数的一部分等。星载 LiDAR 工作方式及原理与雷达高度计类似，但其光斑面积小，因此相比于雷达高度计，其更适用于山地冰川表面形态测绘。目前星载 LiDAR 仅提供星下足迹点高程信息。

除以上四种常见的冰川表面形态遥感获取方法以外，还有星载雷达干涉高度计、雷达立体测量（radargrammetry）等新进技术可以获取冰川表面形态。

2. 冰川表面形态遥感监测应用

近年来星载及机载摄影测量在测绘冰川表面形态数据获取中得到了广泛应用，如利用 SPOT 数据获取的 2012 年前后的高亚洲大范围冰川表面形态，利用 ASTER 数据获取的 2000～2015 年同区域冰川表面形态时间序列。无人机在构建典型冰川表面形态上也得到了推广。

通过遥感技术获取的冰川表面形态测量数据也得到了广泛应用。以青藏高原中部的普若岗日冰原为例，使用 X 波段 SRTM 地形为参考，分别将 2012 年和 2016 年的 TerraSAR-X/TanDEM-X 双站 InSAR DEM 数据与 2000 年的 X 波段 SRTM DEM 进行比较，获取分辨率高、空间连续的冰厚变化信息。此外，激光测高数据已在高亚洲冰川厚度变化提取中得到了成功应用。同时，CryoSat-2 高程数据也被应用到两极冰面高程变化研究中：研究发现西南极冰盖变薄的平均速率仍在继续提高，而格陵兰岛的冰体流失也在增加（Helm et al., 2014）。

3.1.3　冰川运动速度

冰川响应气候的变化首先反映在冰川的物质平衡变化上，其次是冰川的温度、运动特征等一系列变化。冰川表面流速作为冰盖物质平衡估算的一项重要参数，对于研究全球变暖背景下的海平面上升具有重要意义。

当前遥感观测和实地测量是冰川表面流速估算主要的两大技术手段。早期实地测量以花杆测量和雪坑测量为主，目前 GPS 测量技术是实地测量最重要和使用最为广泛的工具。微波遥感因其不受云雨天气的影响，基于 InSAR 干涉相干特征监测冰川流速也被广泛应用，当前进行表面流速估算不再单纯地使用某一种数据，而是将多源遥感数据进行融合。

1. GPS 测量

GPS 通过对冰川表面同一点三维位置的多个时相的测量，从而计算出冰川的运动速度。我国在南极长城站、中山站及北极的黄河站等都设有常年的 GPS 跟踪站，极大地提高了极地冰川运动速度的监测精度。中国在 1996～1999 年组织了 3 次从中山站到冰穹 A 的冰川学-地学大断面的考察研究，通过 GPS 观测计算出了该线路冰川流速为 8～25m/a。Stefano 等（2008）在 1996～2005 年运用 GPS 重复观测的方法测量出东南极冰穹 C 和 Talos 冰穹的冰流速，并研究冰流速变化与冰雪积累之间的关系。相比于多时相光学影像特征跟踪冰流速监测方法，GPS 观测法的精度高于遥感监测。因此 GPS 技术逐渐成为南极冰川流速高精度监测的主要方法。

2. InSAR 观测法

重复轨道 SAR 复图像对构成的干涉图上相位差，是冰面位移与地形共同作用的结果，因此可用双差分 InSAR 干涉图建立尺度相近的独立 DEM 来消除地形相位。Goldstein 等（1993）首次利用 ERS-1 的 InSAR 数据测出了南极 Rutford 的冰流速度。用 InSAR 法测量的冰面位移是测站至测点方向的位移，经转换后能获取冰面水平和垂向位移，消除地形影响后 InSAR 干涉图上冰面位移的相位差为

$$\varphi_{位移}=2k(\Delta_{d,y}\sin\psi-\Delta_{d,z}\sin\psi) \tag{3.1}$$

式中，$\Delta_{d,y}$ 为测点在地球水准切面上横切轨迹的位移分量；$\Delta_{d,z}$ 为垂向位移分量；ψ 为测站至测点方向与测点垂直水准面方向的夹角；k 为传感器发射的电磁波波数。考虑两

次 SAR 测量相隔的 ΔT 时间内冰面流速定常，则有

$$\varphi_{位移} = 2k\delta T(v_y \sin\psi - v_z \sin\psi) \tag{3.2}$$

由此：

$$v_y = \frac{\varphi_{位移}}{2k\delta T \sin\psi} + v_z \cot\psi \tag{3.3}$$

获取同一卫星升轨和降轨的 SAR 资料并形成两幅干涉图即可获得三维流速场，或者该测区已存在 DEM，假定冰面最大坡降指向为冰面最大流速方向，也可求解冰面三维速度场。其在冰流速监测中的应用也存在一些不足，冰雪、积雪消融变化频繁，很容易造成该区域 SAR 影像的失相干。此外，基于 ASAR 影像的特征跟踪方法为基于微波遥感的冰川表面流速估算提供了一种很好的技术补充。

测区 SAR 图像的长时间序列为确定冰川跃动及分析其动态过程提供了前所未有的可能性。跃动冰川的最大特征是运动速度的变化。不同阶段的运动速度变化幅度可相差 1~2 个量级或者更多，不同断面、不同时间的速度波动也很大，Murray 等（2002）通过进行 InSAR 测量及目视判读追踪 SAR 图形上的特殊地物和地形变化，监测了 1992~1995 年格陵兰东 Sortebræ 冰川跃动动态全过程。

虽然目前在冰川流速的监测方法方面取得了很大的成就，但这些方法存在很多局限，如获取高质量、高分辨率的影像及更多验证及评价的数据都是难题，因此将多源遥感数据进行融合，如将航天遥感监测与 GPS 实地测量相结合，将 ASAR 影像的特征点偏移跟踪与 InSAR 干涉测量相结合，并且利用各种激光高度计（ICESat）数据、激光雷达数据和重力卫星数据（GRACE），需要有新的监测方法或者研究算法的出现。

3.1.4　冰川厚度和冰下地形

在冰川学研究领域中，冰川厚度和冰下地形是冰川监测重要的基本参数。冰川厚度是冰川表面与冰底之间的垂直距离，它不仅是冰川动力学数值模拟与模型研究的一个重要输入参数，也对区域气候变化具有良好的指示意义。冰川表面高程减去冰川厚度可得冰下基岩的高程，据此得到冰下地形（又称冰床地形）。冰下地形不仅是冰川地貌形成过程与机制研究的重要对象，也是冰川动力学研究必须考虑的重要内容，直接反映冰川的动力作用特征。冰下地形与冰川运动之间存在着互动性，冰下地形本身是冰川与冰床相互作用的结果，然而它又直接影响着冰川的动力过程。

1. 冰川厚度和冰下地形监测方法

传统的冰川厚度和冰下地形监测方法为钻孔法，利用该方法钻孔难度大、花费高、耗时长，且仅能获取有限的离散点数据，不适合大范围开展。目前，观测冰川厚度和冰下地形主要采用重力测量法、地震波法和无线电回波探测法等遥感技术。

重力测量法利用重力仪在冰川表面及周边基岩建立观测剖面，并根据冰川厚度与冰川表面负重力异常测量值之间的函数关系反演冰川厚度与冰下地形。在具体解算过程中，重力测量法往往需要和其他方法结合使用，因为应用重力测量法计算剖面冰川厚度时，

必须预先知道此剖面上某一点的冰厚度。

地震波法根据弹性震动在冰川内部的分布特征来观测冰川厚度与结构。由于地震设备沉重而复杂，必须使用爆炸物质作为震源，且冰川厚度较小时难以测量，因此此地震波法在山地冰川中的应用有限，主要用于极地冰盖厚度和内部结构的测量。

如 2.5 节介绍的，RES 方法是通过发射天线向地下发射方向性好且能量集中的窄带脉冲电磁波（冰体对 1～500 MHz 电磁波吸收损耗极低）来探测数千米的冰盖厚度，它的天线集发射与接收于一体。电磁波在冰体传播过程中遇到介电性质不连续的分界面（冰体与冰床基岩的介电常数存在较大差异，从而两者之间形成介电性质不连续的分界面）时会发生反射，反射回冰面的电磁波通过雷达接收天线接收。通过测量雷达天线发射的电磁波与冰床基岩反射回波之间的时间差，再将其乘以冰体内电磁波传播速度，即可用于分析冰川冰体厚度、冰下地形信息。RES 仪器的搭载平台主要有车载和机载两种。车载设备覆盖面小，但探测精度和定位精度较高，适合冰下情况复杂的小范围冰川厚度及冰下地形调查；机载设备覆盖范围广，探测效率高，但是存在姿态稳定性差和定位能力弱等缺点，通常用于南北极冰盖的大面积调查。

除了上述三种遥感观测方法以外，L/P-band TomoSAR 也在山地冰川上展现出了较强的冰川厚度测量和冰下地形观测能力。TomoSAR 是一种新型的三维地形重建技术，其利用 SAR 传感器以不同视角发射 L/P-band 电磁波对同一冰川区域进行多次观测，然后将获取的多幅二维 SAR 成像结果在高度维上再次进行合成孔径成像，从而实现冰川厚度测量及冰下地形观测。

2. 冰川厚度和冰下地形监测应用

遥感监测冰体厚度和冰下地形最早采用无线电干涉法，直到 20 世纪 60 年代，该方法才开始应用于南极和北极格陵兰冰盖调查，绘制冰川厚度及冰下地形图。20 世纪 80 年代初期，为满足中国冰川编目的需要，中国科学家利用冰雷达在天山、祁连山和西昆仑山等地区的多条冰川上进行了观测，获取了 95 个剖面的冰川厚度及冰下地形测量数据。近年来，国外学者也开始了利用层析 SAR 技术观测冰川厚度和冰下地形的实验性研究，采用机载 L-band SAR 在阿尔卑斯山 Mittelbergferner 冰川开展了多基线 InSAR 层析成像研究，成功获取了该冰川的厚度和冰下地形，其结果与同期冰雷达观测数据基本一致，有效地验证了 TomoSAR 技术对山地冰川的观测能力。

3.1.5　冰川能量平衡和冰川物质平衡

冰川能量平衡是指冰川向大气空间支出热量和从空间获取热量相平衡的情况，实际为入射到冰川表面的太阳净辐射能在冰川表面的转换和再分配过程。冰川物质平衡是单位时间内冰川上物质收入（积累）和物质支出（消融）的代数和。冰川物质平衡与冰川表面的热量平衡密切相关，因此大气和冰川表面的能量交换可以有效揭示冰雪消融与区域气候变化之间的相互关系。

1. 冰川能量平衡计算方法

冰川表面的各能量分量（图 3.1）决定了冰川区的能量收支状况，也就是说，当冰面获得的能量大于其释放的能量时，冰雪开始融化或升华，在相反情况下，当冰面释放的能量大于其吸收的能量时，冰川物质开始积累。因此消融期，冰川表面的能量平衡方程可表示为

$$Q_N + Q_H + Q_L + Q_G + Q_R + Q_M = 0 \tag{3.4}$$

式中，Q_N 为辐射平衡；Q_H 和 Q_L 分别为冰雪面-大气之间的感热交换和潜热交换；Q_G 为冰川表面向下的传导热；Q_R 为降雨释放的热量；Q_M 为冰川表面剩余的能量通量。

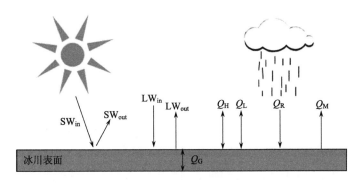

图 3.1　冰川表面主要的能量分量

同时，辐射平衡又可以表示为

$$Q_N = SW_{in}(1-\alpha) + \varepsilon_s \varepsilon_c \sigma T_a^4 F - \varepsilon_s \sigma T_s^4 \tag{3.5}$$

式中，ε_s 和 ε_c 分别为全光谱晴空和冰雪面的发射率；α 为冰川表面反照率；σ 为斯特藩-玻尔兹曼常数（$5.67 \times 10^{-8} W/(m^2 \cdot K^4)$）；$T_a$ 和 T_s 分别为大气和冰面的温度（K）；F 为一个由云层覆盖大小决定的云量因子。除了某些参数由直接测量获取以外，用遥感技术可以获取冰川表面反照率 α、冰面温度 T_s 和一些大气光学参数，从而计算出冰川表面的辐射平衡。卫星遥感计算反照率存在两个问题：首先是单波段反射率到宽波段反照率的反演；其次是在反照率计算过程中需要考虑大气环境和冰雪面各向异性反射带来的偏差，为此，研究者通常根据经验知识，采用可见光和近红外波段发射率的线性或非线性组合来推算宽波段反照率。冰川表面地表温度通过遥感测量的亮度温度进行反演。

2. 冰川物质平衡遥感估测

监测冰川物质平衡的传统方法是实地测量，可采用花杆、超声高度计（雪深仪）、雪坑/冰雪芯和探冰雷达等，但传统方法具有成本高、效率低、费时费力、受极端环境制约等缺点，难以应用于大范围冰川的物质监测。遥感技术在大范围、大尺度冰川物质平衡估算中得到了广泛应用。遥感常用的物质平衡观测方法有能量平衡法、冰川表面地形重

复测量法（也称大地测量法）、重力测量法及冰面参数法（如积累区面积比率、平衡线、冰面温度、反照率等）等。

　　以大地测量法观测冰川质量平衡为例，其基本原理是，通过对选定的冰川进行多次地形测量，获取冰川区的多期 DEM 数据（或者地形图），然后对在不同时间观测到的冰面高程进行比较，即可得到各个时间段的冰川表面高程变化，进而计算冰川的体积变化和冰川质量平衡结果。

　　此外，还有冰面参数法。作为冰川积累区和消融区的分界线，平衡线高度（equilibrium line altitude，ELA）的升降变化必然会体现物质平衡的波动。Braithwaite（1984）对全球 31 条冰川物质平衡 b_a 和 ELA 多年的监测结果进行统计分析，发现二者之间存在以下线性关系：

$$b_a = a(\mathrm{ELA}_0 - \mathrm{ELA}_t) \tag{3.6}$$

式中，b_a 为冰川上的年净物质平衡；ELA_t 为该年平衡线高度；a 为有效物质平衡梯度；ELA_0 为净物质平衡为零时对应的平衡线高度，或称稳定状态时的平衡线高度，简称零平衡线高度。

　　得益于现代卫星传感器时空分辨率的提高，主被动遥感监测广泛应用于山地冰川物质平衡的估算中，例如有学者从 131 景光学遥感影像（Landsat TM/ETM+/OLI、SPOT-1～SPOT-5 和 ASTER）中提取了法国阿尔卑斯山 30 条冰川 1983～2014 年的年物质平衡。计算结果表明，用遥感方法估算的物质平衡精度较高，与地面实测值之间的平均误差约为 0.3 m w.e.。21 世纪初期以来，随着单轨 InSAR 技术的不断进步，SRTM 计划和 TanDEM-X 双站 SAR 系统均能成功获取山地冰川高空间分辨率和高精度的 DEM 数据，从而推动冰川表面地形重复测量法在观测冰川质量平衡中的应用。有学者使用 ERS-1/2、Radarsat 及 DAICHI 多种卫星资料，对南极洲主要海岸和冰架在 1992～2006 年的物质损失进行估算，发现西南极地区（不含南极半岛）物质损失正在加剧，东南极地区物质平衡较小且较稳定（图 3.2）。

3.1.6　冰面湖和冰川表面河流

　　冰面湖是指位于冰川表面的湖泊；冰川表面河流是指冰川表面上的沟渠和河道内的地表径流。冰面湖和冰川表面河流构成了冰川表面的水文体系，是冰川融水和冰面降雨主要的存储和传输渠道。冰面湖和冰川表面河流的变化与全球气候变化紧密相关。其变化直接反映了冰川径流的变化和冰川物质平衡的变动，是研究冰川变化对水资源和海平面影响的最直接观测。

　　遥感技术利用可见光和近红外传感器探测冰面水体范围和面积，以及估算冰面水体的深度。冰面水体探测利用的是水面和冰面在可见光和近红外波段的反射率差异。冰面水体深度估算利用的是比尔-朗伯定律，即可见光的衰减程度与水体的厚度相关。

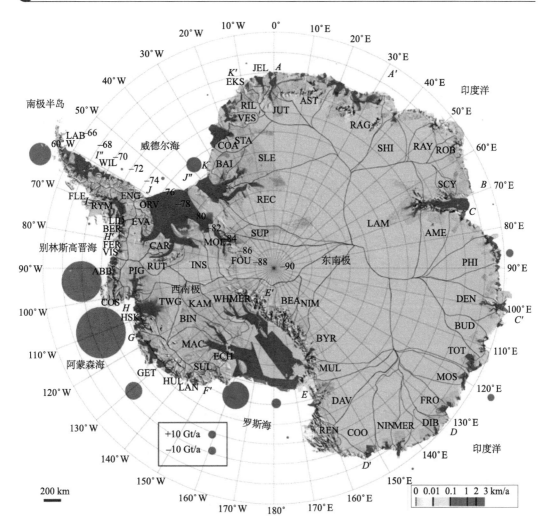

图 3.2　南极冰盖典型地区物质平衡状况（Rignot et al., 2008）

红圈表示损失率，蓝圈表示增长率

1. 冰面水体范围的遥感监测

冰面水体的遥感探测是通过高分辨的可见光和红外传感器，如 Landsat 和 ASTER，利用水与冰雪在可见光和近红外波段的反射率差异，区分水面和冰雪表面。常用的有可见光与红外波段的比值，如选取 ASTER 的 band 1（0.52～0.60 μm）和 band 4（1.60～1.70 μm）进行比值运算：冰川和积雪的比值>47，冰湖和阴影平均在 17～47，表碛和基岩<17（车涛等，2004；王欣等，2009）。也可以直接利用归一化后相应波段的反射率差值，即水面指数法（Huggel et al., 2002）计算：

$$\mathrm{NDWI} = \frac{B_{\mathrm{NIR}} - B_{\mathrm{blue}}}{B_{\mathrm{NIR}} + B_{\mathrm{blue}}} \tag{3.7}$$

式中，NDWI 是归一化水面指数；B_{NIR} 是近红外波段的反射率；B_{blue} 是蓝光波段的反射率。在 Landsat 影像中，一般用如下波段的公式计算水面指数：

$$NDWI = \frac{TM4 - TM1}{TM4 + TM1} \qquad (3.8)$$

水面的 NDWI 值一般在 –0.85～–0.6。TM 5 和 TM 7 波段也可以用来计算 NDWI，但是 TM 4 波段能更好地区分水面和冰雪表面。

用遥感方法对冰面水体进行监测容易受到山体阴影的影响。因此，往往还需要用地形数据和数字高程模型来判定冰面水体的具体范围。

2. 冰面水体深度的遥感估算

冰面湖和冰川表面河流的深度是研究冰川表面径流和冰川物质平衡的重要参数。遥感水体深度的估算主要依据比尔-朗伯定律：可见光的衰减与水体的厚度相关。单波段法和波段比值法是常用的两种估算方法。

单波段法基于水体对可见光波段的衰减，是与水体深度线性相关的假设。其最先由 Philpot 于 1989 年提出：

$$z = \frac{\ln(R_b - R_\infty) - \ln(R_w - R_\infty)}{-g} \qquad (3.9)$$

式中，z 是水深；R_b 是水底部的反射率；R_∞ 是深水的反射率；R_w 是某个点在特定波段的反射率；g 是水体的吸收系数。以 Landsat 影像在格陵兰岛冰川河流深度的反演为例（Sneed and Hamilton，2007），一般选取波长为 550nm，R_b=0.5639，R_∞=0.0380，g=0.1180/m。

波段比值法则充分利用了相近波段的底部反射率、水体吸收系数及水体表面粗糙度的相似性，从而简化单波段法中对参数定标的需求。波段比值法最早由 Dierssen 等于 2003 年提出：

$$z = \frac{\ln\left(\dfrac{R_1}{R_2}\right) - \ln\left(\dfrac{R_{b1} - R_{\infty 1}}{R_{b2} - R_{\infty 2}}\right) - A}{K_2 - K_1} \qquad (3.10)$$

式中，R_1、R_2 是选取波段的地表反射率；R_{b1}、R_{b2} 是选取波段的水体底部反射率；A 是一个常数，是对下行辐射在水汽表面和水体内部衰减率的一个调整；K_1、K_2 是水体的有效衰减系数。假设水体底部的反射率在空间上差异很小，式（3.10）中，水体深度只是波段比值的线性函数。这个假设在冰川表面河流上一般是可以成立的。

为了准确地估算水体面积和水体深度，宜采用高分辨率遥感影像，如用 WorldView 1/2 遥感影像对格陵兰岛冰川表面湖和冰川表面河流的面积和深度进行估算。但是高分辨率遥感影像的回访周期久，而且容易受到云雨的影响，因此实际可使用的数据较少，而冰川径流的日变化又十分剧烈。因此，如何融合多源的高分辨率影像是未来研究的重点。

3.1.7 冰裂隙

冰川活动的动力是冰的重力引起的应力，冰川在运动过程中，其冰层受应力作用会形成裂隙，称为冰裂隙（glacier crevasses），它是冰川应力的外在表现，是能够观测到的冰川应力二级结构。作为冰川冰架表面一类典型特征，冰裂隙在全球温室效应、冰架运动趋势、冰架稳定性研究方面具有重大意义。

目前，应用相对广泛的冰裂隙遥感监测主要基于四类数据，即探地雷达数据、光学遥感影像、SAR 影像与测高雷达数据。

1. 探地雷达数据冰裂隙监测

GPR 通过雷达回波的三种典型模式来监测地表下的冰裂隙：①光滑、平缓起伏的雪层产生的强双曲衍射突变；②明显的垂直柱或楔形持续低幅度的回波；③空柱上的薄雪层。通常对 GPR 雷达回波图像的解译基于操作员的经验，近年来，机器学习方法也被引入 GPR 雷达图像解译工作中。Williams 等（2014）结合支持向量机（SVM）和隐马尔可夫模型（HMMs），取得了较好的冰裂隙提取效果。GPR 作为一种实地冰裂隙探测手段，能够有效探测遥感无法探测到的被雪桥覆盖、位于地表以下的冰裂隙，且探测精度高，定位准确。然而 GPR 实地作业成本高，效率相对较低，只可用于局部地区的冰裂隙监测，并不适用于大规模冰川与冰架的冰裂隙监测。

2. 光学遥感影像冰裂隙监测

目前光学遥感影像的冰裂隙提取大多基于目视解译。在对图像进行预处理（几何校正、降噪等）后，通常会进行图像增强，便于下一步的冰裂隙提取（Swithinbank and Lucchitta, 1986）。常用的图像增强技术包括线性拉伸、平方根拉伸、均衡拉伸及高斯拉伸。除此之外，也可采用梯度算子对裂隙等突变边缘结构进行增强，通过设置 Roberts 交叉边缘监测子的阈值，可对最小宽度值为 2～10m 的冰裂隙场进行监测（Colgan et al., 2011）。早期的基于光学影像的冰裂隙探测研究大多采用 Landsat 获取遥感影像。相比于中低分辨率图像，高分辨率光学遥感影像（如高质量航空图像和 WorldView-1 全色图像）能够提供更加丰富的冰盖表面特征，有利于冰裂隙的监测。

3. SAR 影像冰裂隙监测

SAR 系统对于地物表面粗糙程度十分敏感，冰裂隙区域后向散射强度高，在 SAR 影像上通常呈相互平行的明亮线状，故而能够对冰裂隙场区域进行识别。同时，SAR 可以穿透数米深的雪层，故而其也可以探测到一些光学传感器不能探测到的地表以下裂隙（Jezek, 1999）。针对冰裂隙等结构会导致后向散射系数突变，在 SAR 图像上呈现出强度突变的情况，可以采用边缘监测的方法提取冰裂隙结构，用该方法提取的冰面结构对应异质区域，故而适用于空间分辨率较低、大尺度的冰裂隙结构。

4. 测高雷达数据冰裂隙监测

雷达高度计和激光雷达也可应用于冰川表面特征及冰裂隙监测。通过建立冰裂隙的"V"形高程剖面特征模型，可以利用高度计数据来提取冰裂隙深度与位置信息。

3.1.8 冰川编目

冰川编目即记录每条冰川编码、位置、规模、坡度、坡向及其他属性参数的数据集。关于冰川编目，主要通过遥感等技术手段获取冰川目录的数据集，来对固态水资源状况和冰川变化进行监测和研究。冰川目录是冰川研究的基础数据，不仅记录了冰川的属性参数，还记录了参数的来源、年代和不确定性。现代地理信息系统技术的出现使得冰川目录不仅包括传统的以点为基础的属性信息，也包括其矢量化空间信息。国际上主要的冰川目录是世界冰川监测服务处（World Glacier Monitoring Service（WGMS），Zurich）提供的世界冰川目录，以及全球陆地冰空间监测计划（Global Land Ice Measurement from Space Initiative，GLIMS）的兰多夫冰川目录（Randolph Glacier Inventory，RGI）。截至2018年，我国总共开展了两次冰川编目工作。第一次冰川编目最后集成《中国冰川目录》12卷22册，总计编制46377条冰川的目录，总面积为$5.94×10^4$ km^2，估计冰储量约为$5.6×10^3$ km^3。《中国冰川目录》在冰川变化监测、冰川灾害防治等方面做出了巨大贡献，并被国内外机构广泛采用。第二次冰川编目对全国冰川总面积85.5%的现状冰川进行了编目（图3.3），一方面确定了中国冰川分布及规模，确定中国目前共有冰川48571条，总面积约$5.18×10^4$ km^2，冰川储量为$4.3×10^3$～$4.7×10^3$ km^3；另一方面确定了各个山系冰川及水系冰川的数量和分布。研究显示，中国西部冰川总体呈现萎缩态势，面积缩小了18%左右（Guo et al.，2015）。

1. 冰川编目技术路线

冰川编目以遥感观测的数据为主，辅以野外观测数据。RGI提取冰川边界是以多种Landsat平台（Landsat 5 TM和Landsat 7 ETM+）为主要数据源，并使用来自ASTER、IKONOS和SPOT 5高分辨率立体（HRS）传感器的图像，大多数地区采用自动或半自动程序进行提取。我国第一次冰川编目以20世纪50～80年代的航摄地形图和航空像片为主要数据源，并结合了野外考察情况。我国第二次冰川编目采用了2004年之后的Landsat TM/ETM+和ASTER遥感影像、地形图、数字高程模型数据及《中国冰川目录》等文献资料。以第二次冰川编目为例，其通过高分辨率的光学遥感影像来获取冰川的边界；地形图用于控制图层制作、卫星遥感影像校正及无合适遥感影像数据地区的冰川数据补充；数字高程模型数据用于确定分冰岭和冰川几何参数的提取，如坡度、坡向、海拔等。

野外实地考察仅限于容易到达、安全且面积较小的冰川，是冰川编目验证的主要手段。以RGI为例，经过实地考察发现其大约有5%的不确定性。造成不确定性的主要原因可能是对季节性积雪和表碛物覆盖的误判。

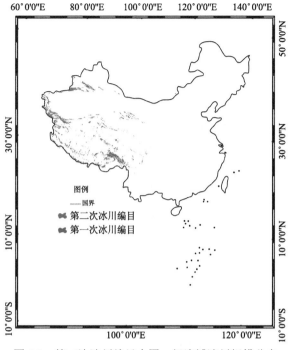

图 3.3　第二次冰川编目中国一级流域冰川规模分布

2. 冰川遥感监测

通过遥感观测可以获取较大范围的地面综合信息，适合对不同地理环境下的冰川变化进行长期监测。利用半自动化冰川提取方法，包括监督分类法、比值法和积雪指数法，提取冰川边界。监督分类法准确度较高，但容易错分部分积雪和岩石；比值法操作简单，但区分效果不明显；积雪指数法比比值法精确。

比值法的基本原理是利用冰和雪在可见光-近红外波段（波长为 0.4~1.2 μm）的高反射特性和在短波红外波段（波长为 1.4~2.5μm）的强吸收特性，如我国第二次冰川编目利用 Landsat 的 TM-3/TM-5 比值辨别冰川。根据国内外学者提出的冰川边界自动化提取方法，可识别的最小冰川面积约为 0.01 km^2。

积雪指数法是植被指数的延伸和应用推广，是一种基于地物在某一波段强反射和另一波段强吸收特性的方法：

$$NDSI = \frac{CH(n) - CH(m)}{CH(n) + CH(m)} \tag{3.11}$$

式中，NDSI 为归一化积雪指数；n、m 分别代表冰雪的强反射与强吸收光谱波段号，如对于 Landsat TM 影像，n、m 分别是 2、5 波段。Hall 等对美国蒙大拿州的研究结果表明，当阈值选在 0.1~0.5 时，积雪面积的变化在 10% 之内，即使阈值的选取范围比较宽，面积差别也不大。

此外，科学家还发展了其他多种方法，如决策树自动阈值分类法、面向对象的信息提取法等。其中决策树自动阈值分类法是未来研究的重点。

3.2　积　雪

3.2.1　积雪面积

积雪面积即被积雪覆盖的地表范围。积雪面积的大小直接影响地球表面的入射能量，也在一定程度上反映了暂存淡水资源的储量，准确监测积雪面积的时空分布是气候变化研究和水文研究中的关键环节。

用于积雪面积监测的遥感方法有可见光-近红外遥感和主动微波遥感。

1. 可见光-近红外遥感

本书的 2.1 节描述了积雪的光谱特征曲线，积雪区别于其他地物光谱特征表现在可见光波段的高反射、近红外波段的强吸收。根据这一特征，将雪的可见光强反射波段和近红外低反射波段进行归一化处理，以突出雪特性，形成归一化积雪指数（normalized difference snow index, NDSI），表达如下：

$$\text{NDSI} = \frac{\text{CH}_n - \text{CH}_m}{\text{CH}_n + \text{CH}_m} \qquad (3.12)$$

式中，n、m 分别代表雪的可见光和近红外波段号，如 TM 的 2 波段和 5 波段；NOAA/AVHRR 的 1 通道和 2 通道；Terra 卫星搭载的 MODIS 可选择 4 波段（0.545～0.565 μm）和 6 波段（1.628～1.652 μm）；而 Aqua 卫星搭载的 MODIS，由于发射后 6 波段出现故障，可采用 7 波段（2.105～2.155 μm）代替，但会导致云雪混淆的现象。用 NDSI 提取积雪面积值得注意的是，对于不同传感器的遥感数据，由于获取系统、大气、地形和波段的差异，结果也将各不相同。但是有些学者认为，经大气纠正后，全球范围雪的 NDSI 阈值应是确定的，并且给出标准值为 0.4（Hall et al., 2001）。

NDSI 是积雪识别的关键方法，但在积雪面积生产过程中还需要考虑其他易与积雪混淆的物体，如薄云。计算 NDSI 中采用的 1.6 μm 附近的波段可以区分厚云，在此波段雪的反射率很低而云的反射率较高。但因云类型的多样性和复杂性，尤其是薄云，单单采用 1.6μm 的信息难以将其区分。

美国 MIT/Lincoln 实验室针对 EO-1（earth-observing-1）上的两个主要传感器，先进陆地成像仪 ALI（advanced land imager，9 个多光谱波段，30 m 分辨率；1 个全色波段，10 m 分辨率）和高光谱成像仪 HYPERION（hyper-spectral image，220 波段，30 m 分辨率），发展了根据可见光-近红外波段比及 NDSI、沙地指数（DSI）等判断阈值进行逐级筛选的综合判断系统。它通过条件判断确定各种地物覆盖和云盖的类型，图 3.4 是整个流程图。数据预处理包括辐射定标和计算大气顶部反射率。图 3.4 中 ρ_n 为 n 波段反射率，ρ_{T_n} 为波段反射率或波段反射率比的阈值，T_n 为 NDSI 或 DSI 指数阈值。

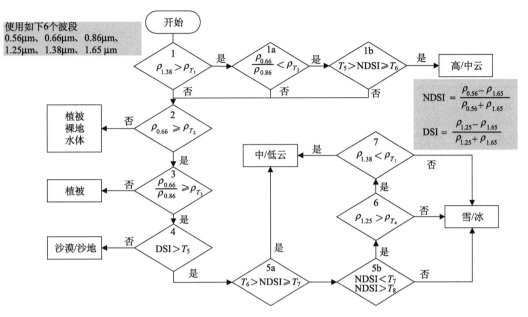

图 3.4　美国马萨诸塞州技术研究所 MIT/Lincoln 实验室发展的地物和云雪识别流程图

MODIS 云掩模算法是基于波段反射率或亮度温度比值的方法，由于使用的波段数量和指标多，其判断过程较复杂。首先，它增加了一个用二氧化碳分层算法（CO_2 slicing algorithm）计算所得的半球透射率，并以此识别云相特性（高度、温度、有效发射率）；利用红外通道探测的 CO_2，可以形成全球 0.5° 网格云气候分布；利用 8 μm、11 μm 和 12 μm 波段亮度温度差，可以形成全球 0.5° 网格云相分布（Menzel and Strabala, 1997）。表 3.1 列出了利用 MODIS 探测雪云的方法。大量实验表明，阈值在不同地区和时间是变化的，因此表中未列出具体数值。

表 3.1　MODIS 云类型和状况基本阈值判断算法

云类型和状况	综合识别方法
水体上的低云	$R_{0.87}$，$R_{0.67} / R_{0.87}$，$BT_{11} - BT_{3.7}$
水体上的高、厚层云	$R_{1.38}$，$R_{0.87}$，$R_{0.67} / R_{0.87}$，BT_{11}；$BT_{13.9}$；$BT_{6.7}$，$BT_{11} - BT_{8.6}$，$BT_{11} - BT_{12}$
水体上的高、薄层云	$R_{1.38}$，$BT_{6.7}$；$BT_{13.9}$，$BT_{11} - BT_{12}$，$BT_{3.7} - BT_{12}$
积雪上的低云	$(R_{0.55} - R_{1.6}) / (R_{0.55} + R_{1.6})$；$BT_{11} - BT_{3.7}$，$BT_{11} - BT_{6.7}$，$BT_{13} - BT_{11}$
积雪上的高、厚层云	$R_{1.38}$，$(R_{0.55} - R_{1.6}) / (R_{0.55} + R_{1.6})$；$BT_{13.6}$；$BT_{11} - BT_{6.7}$，$BT_{13} - BT_{11}$
积雪上的高、薄层云	$R_{1.38}$，$(R_{0.55} - R_{1.6}) / (R_{0.55} + R_{1.6})$；$BT_{13.6}$；$BT_{11} - BT_{6.7}$，$BT_{13} - BT_{11}$
植被上的低云	$R_{0.87}$，$R_{0.67} / R_{0.87}$，$BT_{11} - BT_{3.7}$；$(R_{0.87} - R_{0.65}) / (R_{0.87} + R_{0.65})$

续表

云类型和状况	综合识别方法
植被上的高、厚层云	$R_{1.38}$，$R_{0.87}$，$R_{0.67}/R_{0.87}$；$(R_{0.87}-R_{0.65})/(R_{0.87}+R_{0.65})$；$BT_{11}$；$BT_{13.9}$，$BT_{6.7}$，$BT_{11}-BT_{6.7}$，$BT_{11}-BT_{12}$
植被上的高、薄层云	$R_{1.38}$，$R_{0.87}$，$R_{0.67}/R_{0.87}$；$(R_{0.87}-R_{0.65})/(R_{0.87}+R_{0.65})$；$BT_{13.9}$；$BT_{6.7}$，$BT_{11}-BT_{8.6}$，$BT_{11}-BT_{12}$
裸露土壤上的低云	$R_{0.87}$，$R_{0.67}/R_{0.87}$，$BT_{11}-BT_{3.7}$；$BT_{3.7}-BT_{3.9}$
裸露土壤上的高、厚层云	$R_{1.38}$，$R_{0.87}$，$R_{0.67}/R_{0.87}$，$BT_{13.9}$；$BT_{6.7}$，BT_{11}
裸露土壤上的高、薄层云	$R_{1.38}$，$R_{0.87}$，$R_{0.67}/R_{0.87}$，$BT_{13.9}$；$BT_{6.7}$，BT_{11}，$BT_{11}-BT_{3.7}$，$BT_{3.7}-BT_{3.9}$

注：R_i 代表波段反射率；BT_i 代表亮度温度（根据 MODIS Cloud Mask 算法文档整理）

2. 主动微波遥感

主动微波遥感监测积雪根据积雪对微波的后向散射强度的变化，通常用来区分干雪和湿雪。

由于冰晶和水的介电常数不同，干雪和湿雪的散射特性有明显的区别，电磁波在湿雪中的穿透深度急剧下降，后向散射系数明显降低。根据这一原理，Shi 和 Dozier 发展了利用多频率、多极化 SAR 资料进行积雪制图的分类器，分类步骤如图 3.5 所示。

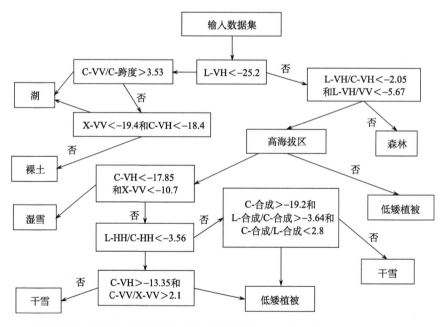

图 3.5　采用多频率多极化及后向散射系数比值等信息分类的分类树（Shi and Dozier，1997）

第 1 步，根据归一化的各地物类 L 波段垂直水平极化（VH）后向散射系数区分湖泊与裸土类；第 2 步，根据 C 波段垂直极化（VV）与 C 波段 C-span 后向散射系数比值及 C 波段 VH 与 X 波段 VV 极化后向散射系数将裸土与湖泊区分开；第 3 步，根据 L

波段 VH 与 C 波段 VH 极化后向散射系数比值及 L 波段去极化因子 VH / VV 将森林覆盖地表从低矮植被和积雪类中区分出；第 4 步，假定低于雪线的地物均为低矮植被，在高海拔地区根据 C 波段 VH 和 X 波段 VV 极化将积雪覆盖类区分出；第 5 步，先使用 L 波段水平极化（HH）和 C 波段 HH 极化后向散射系数将干雪和低矮植被子类区分出来，再使用归一化的 C 波段 VH 和 C 波段 VV 与 X 波段 VV 极化后向散射系数比值将干雪与低矮植被区分开；第 6 步，根据合成 C 波段后向散射系数、合成 L 波段与合成 C 波段后向散射系数比值，以及合成 C 波段与合成 L 波段后向散射系数比值最终将干雪与低矮植被区分开。

3. 可见光积雪面积去云

光学遥感可以有效地区分积雪和其他地物，尤其是随着中分辨率传感器 MODIS 的出现，成熟的积雪面积产品被广泛应用于气候变化及水文研究中。但可见光积雪面积产品受云污染严重，使得积雪产品存在大量数据缺失。随着应用的需求，发展了多种针对积雪产品去云处理的方法。去云处理方法主要有空间插值法、时间插值法和多源数据融合法。

星载传感器具有固定的回访周期，根据云会移动而积雪的积累和消融是一个随时间逐渐变化的过程，可利用多幅不同时间的遥感图像进行时间插值，以获得云覆盖区域信息。

当只有单幅受云污染的图像而无其他辅助信息时，可通过从无云污染区获得先验信息，利用空间插值等图像修复方法，达到去除云污染的目视效果。

当用一种数据难以达到去云效果时，则可以考虑采用其他不受云污染的数据源来代替云覆盖像元，如微波或实地观测数据。

3.2.2　积雪深度和雪水当量

积雪深度（雪深）是指积雪的总高度，也就是从基准面到积雪表面的距离。雪水当量是指单位面积上积雪完全融化后所得到的水形成水层的垂直深度，可以代表一定区域范围内的积雪量。

光学遥感利用的电磁波波段集中在可见光和近红外区域，其波长短，穿透性差，因此雪深和雪水当量遥感反演一般采用具有较强穿透力的微波遥感。根据原理，雪深和雪水当量反演方法有被动微波、SAR 和 InSAR。

1. 被动微波雪深/雪水当量反演方法

下垫面土壤辐射出的微波信号经过积雪层时受到雪层中积雪颗粒的散射，信号减弱，散射减弱的程度随着雪深的增加而增大，随着频率的增大而增加，因而亮度温度减小，频率越高，亮度温度越小。图 3.6 为利用多层积雪微波辐射传输模型（MEMLS）模拟的一定积雪特性下不同频率的亮度温度随雪深的变化曲线。由图可知，频率越高，微波亮度温度随雪深的衰减越快。被动微波亮度温度梯度法基于该理论产生，并被广泛地用于雪深和雪水当量反演。亮度温度梯度法最初由 Chang 提出，因此，也被称为 Chang 算法（Chang et al.，1976），表达式如下：

$$SD = a \times (TB_{18} - TB_{36}) \tag{3.13}$$

式中，SD 为雪深；TB_{18} 和 TB_{36} 分别为 18GHz 和 36GHz 的亮度温度；a 为反演系数。

　　低频 6～22GHz 对雪深敏感性差，尤其是 6GHz，穿透性较强，可探测一定深度的土壤温度。22GHz 受空气中水汽的影响较大。36GHz 和 85GHz 对雪的敏感性强。由于高频 85GHz 受大气的影响相对较强，信号不如 36GHz 稳定，因此，亮度温度梯度法常用的波段为 18GHz 和 36GHz。

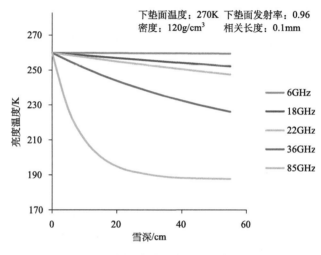

图 3.6　各频率亮度温度随雪深变化曲线

　　微波亮度温度梯度除了受积雪深度的影响以外，还受到积雪特性和下垫面的影响，积雪粒径和森林是两个主要的影响因素。因此，粒径不同、森林的存在都会改变反演系数 a。

　　Foster 雪深反演算法同时考虑了粒径和森林的影响，获得动态的反演系数 a，下面对其进行介绍。

　　Foster 算法是在通用的亮度温度梯度法基础上发展的（Foster et al.，2005），它考虑了森林覆盖度和雪粒径的动态变化，并且强调了先验信息——雪的分类数据库和土地覆盖类型数据库的作用。

　　对于雪水当量 SWE（mm）的估计，Chang 算法可以改写为以下形式：

$$SWE = C_0(TB_{19} - TB_{37}) \tag{3.14}$$

式中，C_0 是森林覆盖率和雪粒径的函数，用两个随时间变化的动态参数分别表示森林覆盖度和雪粒径的影响，将 Chang 算法修正为（Foster et al.，2005）

$$SWE = F_t c_t(TB_{19} - TB_{37}) \tag{3.15}$$

式中，F_t 表示森林覆盖度的影响：

$$F_t = 1/(1-\varepsilon) \tag{3.16}$$

式中，ε 是不同的森林覆盖度情况对应的估算雪水当量的误差平均值（表 3.2）。森林覆盖度采用 IGBP 的全球土地利用图（分辨率为 1 km×1 km）计算得到。

表 3.2　不同森林覆盖度情况对应的雪水当量的误差平均值（Foster et al., 2005）

森林覆盖度/%	5	15	25	35	45	55	65	75	85	95
误差平均值	0.05	0.05	0.10	0.15	0.20	0.25	0.30	0.40	0.50	0.50

注：忽略了原图中的误差方差

c_t 是考虑了雪粒径影响后的修正系数：

$$c_t = (1 - \gamma)c_0 \tag{3.17}$$

式中，γ 是一个随时间和积雪类型而变化的误差系数（表 3.3）。积雪类型采用 Sturm 的分类（Sturm et al., 1995）。

表 3.3　雪粒径误差系数与时间和积雪类型的关系（Foster et al., 2005）

月份	积雪类型					
	苔原型	高山型	泰加林型	海洋型	大草原型	瞬时型
10	−0.20	−0.10	−0.20	−0.20	−0.20	−0.20
11	0.10	−0.10	−0.20	−0.20	−0.20	−0.20
12	0.15	0.05	0.05	−0.15	−0.10	−0.20
1	0.20	0.05	0.05	−0.15	0.05	−0.20
2	0.25	0.05	0.05	−0.15	0.15	−0.20
3	0.30	0.05	0.05	−0.15	0.20	−0.20
4	0.30	0.05	0.25	−0.15	0.20	−0.20
5	0.30	0.10	0.25	−0.15	0.20	−0.20

注：忽略了原图中的误差方差

利用加拿大 7 个冬季大量积雪观测数据对 Foster 算法进行验证，结果表明，在大多数地区，用 Chang 算法（Chang et al.，1976）估计雪水当量的已知偏差都得到了纠正，Foster 算法也能很好地反映雪的积累和消融时相。但对于高山型和海洋型积雪，它的误差依然较大。

2. SAR 雪深/雪水当量反演方法

SAR 雪深反演主要有两种方法，一种是基于积雪的后向散射与雪深的关系特性，另一种是基于积雪后向散射与积雪的热阻关系。

后向散射系数与雪深之间的关系主要受 3 组参数的影响：传感器参数，包括波段频率、极化方式、入射角；积雪参数，包括雪密度、粒径、液态水含量、分层和粒径空间分布；雪下地表参数，包括介电特性和粗糙度。因此，很难根据有限的观测数据建立估算雪深的半经验模型。为了反演积雪参数，必须分离后向散射中的雪下地表散射项或使之最小。为此，在正向模型的基础上发展反演雪深的参数化模型，分别采用致密介质辐射传输模型（DMRT）和积分方程模型（IEM）描述体散射项和面散射项，模拟多种传感器参数和积雪参数条件下后向散射系数简化方程中未知参数的个数，最终建立后向散射系数与雪深之间的半经验模型：

$$d = \tau(x)[(1 - \omega(x)]ka(x) \tag{3.18}$$

式中，$\tau(x)$ 为光学厚度；$\omega(x)$ 和 $ka(x)$ 的表达式通过观测数据拟合给出。Shi 和 Dozier（2000）应用该算法于美国 Mammoth 山区反演积雪深度（平均雪深 190cm，标准偏差 82cm），结果与观测数据相对误差约为 18%，均方根误差为 34cm。

干雪覆盖地表 SAR 后向散射主要来自干雪覆盖下的土壤-雪界面的面散射，土壤-雪界面的粗糙度、介电常数等物理特性是影响 SAR 后向散射的主要参数。地表积雪覆盖影响土壤-雪界面温度，进而影响雪下冻土介电常数与 SAR 后向散射系数，根据这一原理，利用 SAR 数据和少量地面积雪参数观测数据，建立积雪热阻与 SAR 后向散射数据、热阻与雪水当量经验关系式，可以估算干雪覆盖地表 SWE 分布。为了减小 SAR 数据辐射畸变，以及地形扭曲和土壤面粗糙度对 SAR 数据后向散射信号的影响，通常采用干雪 SAR 数据与无雪 SAR 数据的差值图像代替单幅干雪图像。该方法主要分三步完成，第一步根据地面积雪参数观测数据计算积雪热阻 R，建立后向散射差值图像值与 R 之间的经验关系式：

$$R_i = \frac{H_i}{K_i} \tag{3.19}$$

式中，R_i 为第 i 层积雪热阻；H_i 为第 i 层雪层厚度；K_i 为由 Raudvikvi 热导率方程计算的第 i 层雪的热导率。K_i 的计算公式如下：

$$K_i = 2.83056 \times 10^{-6} \times \rho^2 - 9.09947 \times 10^{-5} \times 10^{-5} \times \rho + 0.031974 \tag{3.20}$$

后向散射差值图像值与 R 之间的经验关系为指数形式：

$$R = \exp(\sigma_{\text{ratio}} + a/b) + c \tag{3.21}$$

式中，a、b 和 c 为方程经验参数；$\sigma_{\text{ratio}} = \sigma_s - \sigma_r$，$\sigma_s$ 和 σ_r 分别为 SAR 积雪图像后无雪参考图像后向散射系数，积雪热阻 R 即雪层热阻 R_i 之和。地表温度越低，R 越小，后向散射系数越小。即（$\sigma_s - \sigma_r$）的空间分布反映了 R 的空间分布。第二步根据积雪参数观测数据建立 SWE 与热阻间的线性方程：

$$\text{SWE} = \alpha \times R \tag{3.22}$$

式中，α 为经验参数。第三步估算 SWE，首先由式（3.21）计算 R 图像，最终由式（3.22）估算整个区域的 SWE 分布。

3. InSAR 雪深/雪水当量反演方法

InSAR 雪深反演利用的是 SAR 的相位信息。当地表被积雪覆盖时，雷达电磁波的穿透深度与波长和积雪的介电常数有关。若忽略介质中的散射作用，则波长 λ_0 在介质（实部和虚部分别为 ε' 和 ε''）中的穿透深度 d_p 为

$$d_p = \frac{\lambda_0 \sqrt{\varepsilon'}}{2\pi \varepsilon''}$$

积雪的 ε'' 与雪湿度呈正相关，干雪的 ε'' 几乎为 0，因此可认为常用的星载微波波段能完全穿透干雪层；反之，当雪湿度增加时，穿透深度随之降低。

对于均质干雪层，雷达接收到的后向散射主要来自雪-地界面，雪层内部吸收和散射作用非常弱，雷达波束仅在空气-雪界面发生折射。当地面无雪覆盖时，雷达波斜距为 ΔR_s，降雪后，地表被厚度为 d_s 的干雪（介电常数为 ε_s）覆盖，雷达波束穿透积雪，抵达地表，斜距为 $\Delta R_a + \Delta R_r$（图 3.7）。因此，对于地面同一点，无雪和有雪覆盖的斜距差可表示为

$$\Delta R = \Delta R_s - (\Delta R_a + \Delta R_r) \tag{3.23}$$

积雪的相对介电常数 ε_s 或折射率 n 可用于计算深度，二者满足关系 $\varepsilon_s = n^2$。干雪的介电特性几乎与频率无关，雪密度是决定介电常数 ε_s 的主要参数，因此对于干雪，通常认为二者满足一定的关系（Mätzler，1996）：

$$\varepsilon_s = 1 + 1.6\rho + 1.86\rho^3 \tag{3.24}$$

式中，ε_s 为雪相对介电常数；ρ 为雪密度。

根据式（3.23）和式（3.24），可推导厚度为 d_s、介电常数为 ε_s（由雪密度决定）的积雪覆盖导致的相位：

$$\varphi_{\text{snow}} = -\frac{4\pi}{\lambda}d_s(\cos\theta_i - \sqrt{\varepsilon_s - \sin\theta_i^2}) \tag{3.25}$$

式中，λ 为入射波的波长；θ_i 为入射角。

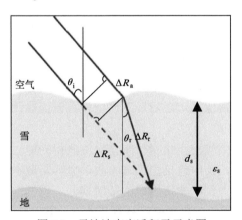

图 3.7　雷达波束穿透积雪示意图

3.2.3　积雪反照率

地基观测的积雪反照率是太阳光谱区的宽波段反照率，而卫星传感器探测的是一定方向上大气顶部若干窄波段的辐亮度。反照率反演即首先将一定方向窄波段上的反射率转换成半球上的反照率，然后将一系列窄波段反照率转换为宽波段反照率。MODIS 反照率和 GLASS（global land surface broadband albedo product）反照率是目前最有代表性的遥感反照率产品。下面以 MODIS 积雪反照率产品为例，介绍积雪反照率反演算法，主要流程见图 3.8。

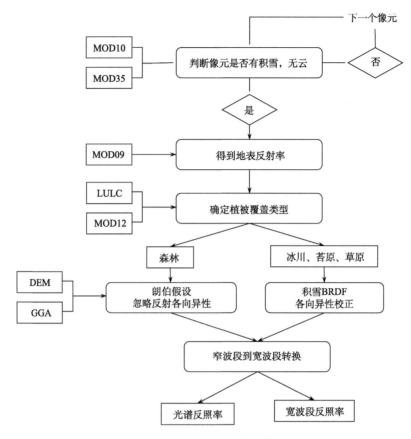

图 3.8 MODIS 积雪反照率产品算法流程图

第一步，将 MODIS 的云掩膜数据（MOD35）和积雪覆盖率数据（MOD10）进行时空匹配，提取逐日积雪覆盖像元，之后针对这些积雪覆盖像元进行宽波段反照率的转化与计算。

第二步，大气校正。大气校正是指传感器最终测得的地面目标的总辐射亮度，并不是地表真实反射率的反映，其中包括由大气吸收，尤其是散射作用造成的辐射量误差。大气校正就是消除这些由大气影响所造成的辐射误差，反演地物真实的表面反射率的过程。MODIS 的积雪反照率产品大气校正是将其地表反射率产品（MOD09）作为输入进行大气校正，将大气顶部辐射转化为地表方向反射率，得到积雪表面的反射率。

第三步，方向性 BRDF 转换。将方向性反照率转换成光谱反照率，利用土地覆被数据（MOD12）将积雪覆盖像元的下垫面分为森林、冰川、苔原、草原。当下垫面是森林时，认为服从朗伯体假设，忽略反射各向异性。如果下垫面是冰川、苔原、草原，则判定其为非朗伯体，建立积雪 BRDF 模型，对积雪反射率数据进行各向异性校正，获取半球范围上的反照率。

第四步，窄波段向宽波段的转换。宽波段反照率是一定波长范围内的地表上行辐射通量与下行辐射通量的比值。通过对大量实地观测结果与窄波段反照率数据的线性拟合，得到宽波段积雪反照率（α）与各窄波段（α_i 代表第 i 个波段）反照率的关系为

$$\alpha = 0.160\alpha_1 + 0.291\alpha_2 + 0.243\alpha_3 + 0.116\alpha_4 + 0.112\alpha_5 + 0.081\alpha_7 \qquad (3.26)$$

3.2.4　积雪粒径

积雪粒径是指积雪层中冰粒子的大小。如第 2 章所述，积雪粒径是积雪遥感反演中的关键参数，它影响可见光-近红外波段的积雪反射率，是积雪微波辐射传输中最关键的影响因子。因此，准确获取粒径信息有利于积雪的监测。积雪粒径的时空分布同样是融雪径流模型、雪化学模型及气候模型的输入参数。积雪粒径的大小和变化是响应积雪热状况的结果，因此可用它评估融雪的开始时间和分布。此外，积雪粒径大小和积雪气孔分布对建立溶解物迁移和浓缩变化模型至关重要。粒径更是引起反照率变化的重要因素，因此它也是全球辐射平衡的因素之一。

雪的反射（照）率随波长变化。积雪在可见光波段（0.4～0.7 μm）有较高的反射率；而近红外区（3～14 μm）因冰强烈吸收，雪面反射率显著下降且对积雪粒径变化很敏感。所以积雪粒径遥感反演一般选用近红外波段（0.7～3.0 μm），尤其波长在 0.7～1.4 μm 时雪的反射率对雪颗粒大小最敏感，且随着颗粒增大，反射率下降。

1993 年 Nolin 和 Dozier 选择 1.04 μm 作为反射率响应雪粒半径大小的敏感波长，发展了基于 AVIRIS 的积雪粒径反演算法。2002 年该算法经改进，被广泛应用于积雪粒径遥感反演中。以这个波长为中心的波段还有另外一个优点，即该波段辐射传输几乎不受大气散射或衰减的影响。积雪粒径大小与反射率的关系还受太阳高度角的控制（图 3.9），尤其是太阳高度角大于 30°时，反演积雪粒径前必须引入太阳高度角进行修正。

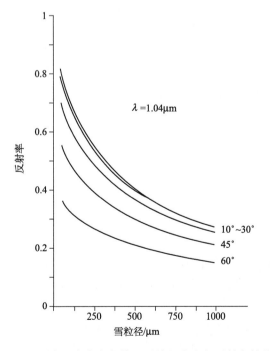

图 3.9　不同太阳高度角条件下雪粒径大小与反射率的关系

3.3 冻土和表面冻融

可见光和红外遥感能获取与多年冻土和季节冻土分布有关的地表能量、植被分布和地形高程等信息，间接地指示冻土的发生。这些信息和其他数据一起作为冻土模型的输入，用于不同尺度的冻土分布制图、活动层厚度估计和表面冻融状态模拟等。可见光遥感还可用于冻土景观和冰缘地貌制图，光学遥感立体像对可用于监测冻土形变。由于冻/融土壤间显著的介电特性差异导致的微波辐射/散射特征变化，微波遥感常用于获取地表浅层冻融状态。

本节将根据目前冻土遥感的几个主要方向介绍相关的遥感方法和进展。3.3.1 节介绍了探地雷达在多年冻土调查中的应用及可见光和红外遥感在多年冻土制图中的应用，以及它们获取的地表能量平衡、植被分布和地形高程等信息在多年冻土模型中的应用。3.3.2 节介绍了用被动微波、合成孔径雷达和散射计监测地表冻融循环的基本原理和典型算法。3.3.3 节介绍了近年来前沿的冻土活动层遥感方法。3.3.4 节介绍了航空摄影、高分辨率卫星遥感和合成孔径雷达干涉测量对冻土形变的监测。3.3.5 节则概要地阐述了冰缘地貌遥感监测的方法和最新进展。

3.3.1 冻土分布制图

一般来讲，遥感通过两种方式在冻土制图中发挥关键作用。一是遥感直接用于冻土的探测，如探地雷达、航空电磁法等地球物理方法用于多年冻土的调查。二是遥感产品与冻土模型相结合，推断冻土的分布。后者又可细分为两种途径，一是遥感产品直接用于冻土经验模型，二是遥感产品通过数据同化与冻土物理模型融合来改进对冻土的模拟与预测。探地雷达遥感原理在前面章节中已有介绍。数据同化方法请参考第 6 章。本节重点介绍探地雷达在多年冻土调查中的应用，以及卫星遥感产品在冻土经验模型中应用的一般框架，并结合案例介绍相关进展。

1. 探地雷达应用于多年冻土调查

第 2 章 2.2.1 节详细介绍了冻土的介电特性。冻土和其他介质的介电常数有显著的差别，因此，冻结与未冻结带之间的冻融界面上会产生很强的反射，这种反射特征是探地雷达用于多年冻土调查的基础。同时，由于冻土的衰减率小，电磁波在冻土中的穿透深度也较大，因此，探地雷达非常适合冻土勘探。

探地雷达在青藏高原和东北地区的多年冻土调查中发挥了重要作用，如 Cao 等（2017）利用探地雷达对祁连山多年冻土进行勘探，估算活动层厚度，并研究活动层厚度的空间变化规律。他们发现如果其他地质条件一致，就可以根据反射信号的强弱区分出不同类型的多年冻土。图 3.10 为在祁连山黑河上游八宝河源头沿泥炭覆盖地表获取的一条探地雷达剖面，雷达频率为 200MHz。图中横坐标为距离（m），左侧纵坐标为双程走时（ns），右侧纵坐标为基于雷达波传播速度 $4.061 \times 10^{-2}\,\mathrm{m/ns}$ 换算成的深度。图 3.10 中，活动层与多年冻土界面处的强烈反射清晰可见（图 3.10 中箭头），由此可以估算该处活动层厚度为 0.8～1.2 m。

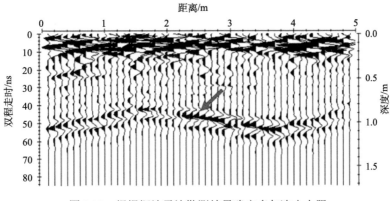

图 3.10 根据探地雷达勘测结果确定多年冻土上限

祁连山黑河上游八宝河源头探地雷达剖面，箭头标示的界面为活动层与多年冻土的界面（Cao et al., 2017）

2. 遥感信息作为冻土模型的输入

多年冻土的形成既与宏观的气候因子有关，也与局部的地形、积雪、植被类型、有机层和土壤的特性、地表和地下水的特征等因子有关。在冻土模型中，大多数环境变量可通过遥感来获取，如何将遥感获取的各类信息综合起来，更精确地模拟冻土及其热状态的时空分布是该方向研究的热点。图 3.11 给出了利用遥感信息、地形参数和其他数据，并结合冻土经验模型进行冻土模拟和制图的一般框架。为更好地理解该过程，本节给出一个探索性的研究案例。

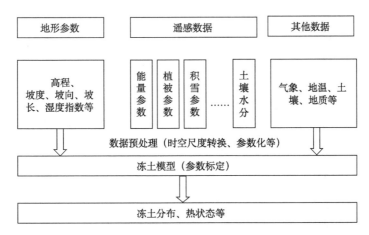

图 3.11 遥感信息在冻土制图应用中的一般框架

气温是传统冻土制图常用的间接指标，通过气象台站获取，但一般气象台站在多年冻土区域极其少，这成为利用气温开展冻土制图的不确定性来源之一。我们假设日地表温度变幅的空间异质性比地表温度本身的时空异质性弱，基于 MODIS 逐日四次地表温度产品，通过地表温度日变幅的插补，实现了对日平均和年平均地表温度的估算。利用地理加权回归模型，融合遥感年平均地表温度、积雪日数、叶面积指数、降水、土壤质地与 175 个年平均地温钻孔观测数据，估计得到了整个青藏高原的年平均地温，基于年平均地温模型，制备了代表 2000~2010 年的青藏高原多年冻土稳定类型分布图（图3.12），该图显示，青藏高原多年冻土面积约为 105.5 万 km²。验证表明，该图相对于传统冻土图具有更高的空间分辨率和精度，遥感提供了对温度场和下垫面参数更高分辨率和更直接的观测，有效提高了冻土制图的精度。

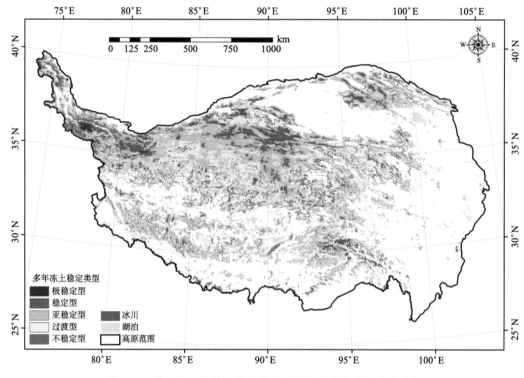

图 3.12　基于年平均地温的青藏高原多年冻土稳定类型分布图

　　可见，综合多源遥感信息已经成为冻土分布制图的发展方向之一，但是通过遥感间接监测冻土发育的有关参数虽有一些成功案例，但没有形成系统方法，未来将多源遥感信息与冻土模型深度融合，发展冻土分布的遥感经验模型，是一个值得探索的发展方向。

3.3.2　表面冻融

　　表面冻融是指陆地表层土壤的冻结/融化状态，北半球大约 55%的总陆地面积经历着冻融过程。表面冻融对地气能量交换、水循环、植被生长和生物地球化学循环等均有重要影响。

　　地表冻融状态的分布范围在大尺度上主要受纬度地带性和垂直地带性的双重控制，

在中小尺度则会受坡度、坡向、积雪、植被等局部因素的影响，因此其空间异质性较强。遥感技术在表面冻融状态监测方面具有显著优势。可见光、近红外和热红外波段可以提供地形、积雪面积、地表温度等信息，间接指示表面冻融状态，同时也可以作为冻土分布模型的输入数据，提高模型模拟表面冻融状态的精度；微波遥感则是更直接的表面冻融状态观测手段，微波遥感具有全天时、全天候的工作能力，并能够穿透中低覆盖度的植被和含水量较少的冰雪，获取两者覆盖之下的地表信息，特别是星载被动微波遥感技术日趋成熟，时空分辨率逐步提高，1～2 天就可实现全球覆盖，可用于近实时探测全球及区域表面冻融状态。本节主要介绍遥感直接应用于表面冻融状态观测的方法，主要分为被动微波传感器和主动微波传感器（包括 SAR 和散射计）监测地表冻融循环的基本原理和典型案例。

1. 被动微波传感器监测表面冻融

被动微波传感器监测表面冻融状态的算法均是依据冻结土壤特有的微波辐射特性而发展建立的。与湿润的融土相比，冻土对微波信号的影响具有以下特征：①热力学温度较低；②发射率较高；③微波在冻土内的穿透/发射深度较大，因此需要考虑冻土的体散射效应。

表面冻融的被动微波遥感研究历经 40 多年，至今仍然是一个十分活跃的研究领域。先后发展了双指标及其改进算法、时间序列变化检测算法、决策树算法和判别式算法等。较有代表性的决策树算法是 Jin 等（2009）提出的，该算法利用 SSM/I 五个通道亮度温度构建了三个指标，即散射指数（scattering index，SI）（式（3.27））、19GHz 极化差（polarization difference，PD）和 37 GHz 垂直极化亮度温度。图 3.13 显示了以上三个指标可以区分土壤的冻融状态，并可剔除沙漠、降水等其他散射体的影响。

散射指数表示由散射作用引起的 T_{B_85V} 实际值的偏离程度，主要用于区分强散射体与弱散射体和非散射体，计算方法如下：

$$F = 450.2 - 0.506 \times T_{B\_19V} - 1.874 \times T_{B\_22V} + 0.00637 \times T_{B\_22V}^2 \tag{3.27}$$
$$SI = F - T_{B\_85V}$$

式中，T_{B_19V}、T_{B_22V} 和 T_{B_85V} 分别为 19GHz、22GHz 和 85GHz 垂直极化的亮度温度；F 为估计的无散射情况时 85GHz 的垂直极化亮度温度。

19 GHz 极化差主要用于反映地表的粗糙程度，地表粗糙度增大，相干反射分量减小，漫散射分量增大，发射率渐趋向于与极化方式无关，极化差变小。极化差可以识别出表面相对较光滑的沙漠。而 37 GHz 垂直极化亮度温度相比于低频波段对水分含量不甚敏感，而且它与气温和地温的相关性相对较高，因此将其作为区分地表温度状况的指标。利用这 3 个指标构建决策树，青藏高原地区 4cm 土壤温度地面观测验证表明其总体分类精度达到 87%。

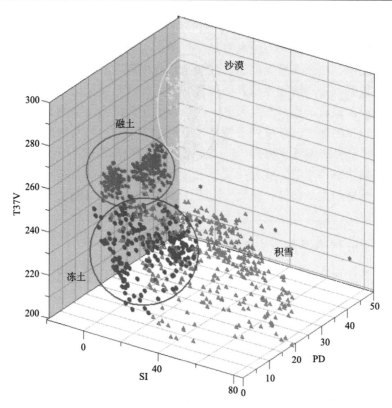

图 3.13　冻土、融土、沙漠和积雪样本的空间聚类图（数据来自于青藏高原 3 个气象站对应的 SSM/I 数据，数据收集自 1997 年 6 月 29 日～1998 年 8 月 31 日）

需要指出的是，以上算法中，所选定的阈值并非处处适用。当把它们应用于区域性的冻融监测时，就需要根据实测数据对原阈值，甚至原算法做一定的修正。随着星载微波辐射计观测频率的多样化，特别是近年来一些新型地球观测卫星搭载了 L 波段微波辐射计，形成了对表面冻融状态的多源、多频率、多角度观测，可实现一天多次过境，提供日内表面冻融循环信息。表面冻融状态的被动微波遥感算法也出现了一些新的发展趋势。从新数据源角度来看，SMOS、SMAP 计划可以提供覆盖全球的 L 波段亮度温度数据，相对于传统的中高频波段，L 波段的穿透性更好，结合 L 波段和高频波段进行研究可能会进一步提高表面冻融状态监测的精度，同时也可以扩展到对土壤冻结深度、冻结速率等新的冻融指标的遥感监测。此外，综合多传感器数据可以提高表面冻融状态监测的时间分辨率，获取逐日多次的表面冻融状态。关于这两个方面，国际国内都已有一些研究案例，读者可查阅相关文献。

2. 主动微波传感器监测表面冻融

监测表面冻融的主动微波传感器主要包括散射计和 SAR，两者监测冻融循环的原理和方法类似。理论分析和观测结果都表明，土壤冻结后，其后向散射系数会因为冻结造成的土壤介电常数减小而显著降低。相对于被动微波监测冻融循环所使用的亮度温度指标而言，后向散射系数中几乎没有地表温度的影响，因此，冻结引起的后向散射系数变化是单向的，不像冻结引起的土壤亮度温度变化可正可负，这使得应用主动微波信号监测冻融循环的算法更加稳健。

传统上，散射计用于冻融监测的主要方法是通过分析后向散射系数的时间序列及阈值法确定表面冻融状态。近期一些研究开始关注多传感器融合方法，如 Zwieback 等（2012）基于概率时间序列模型——隐马尔可夫模型的变体，通过融合 Ku 波段的 SeaWinds 散射计（NSCAT 的改进型）数据和 C 波段的 ASCAT 散射计数据，利用积雪、土壤和植被在两个波段不同的后向散射特性，研究了西伯利亚到我国东北一个样带区域的表面冻融状态分类方法，结果表明，精度可达到 90%，在苔原和亚北极针叶林区精度较高，而在农田和山区裸露的岩石区域精度较低。该算法的优势是模型的参数估计不需要训练数据。

与微波辐射计和散射计相比，SAR 的空间分辨率更高，一般可达几十米，但 SAR 的时间分辨率一般比较低。用 SAR 监测冻融循环的基本原理与散射计类似，即通过分析后向散射系数的时间序列，寻找区分冻结和融化的合理阈值，此处不再赘述。一般认为，阈值法容易受到不同土地覆盖类型和气候条件带来的复杂季节响应和后向散射系数时间序列噪声的影响。近年来，一些非阈值的方法得到发展，如 Park 等（2011）利用时间边缘检测技术分析 Envisat ASAR 全球模式（GM）后向散射系数时间序列，即通过使后向散射系数时间序列和高斯分布函数一阶导数的卷积最大化来确定冻结和融化时间，研究表明融化日期可以通过最小化后向散射系数时间序列和预定义的阶跃函数之间的残差平方和来确定。

3.3.3　冻土活动层

冻土活动层（active layer）是指覆盖于多年冻土之上的夏季融化、冬季冻结的土层（秦大河，2014）。冻土活动层是冻土遥感应用的新方向。本节介绍遥感在冻土活动层监测方面的潜在作用，并结合几个典型案例介绍目前遥感在冻土活动层监测方面的基本方法和最新进展。

遥感应用于冻土活动层监测的基本框架与遥感冻土分布制图基本类似，目前冻土活动层的遥感方法研究主要集中在两个方面，一是将遥感信息应用于冻土模型中，提高冻土活动层的模拟精度，其中融合遥感观测与陆面过程模型的数据同化方法详见后续章节，本节主要介绍遥感信息在活动层厚度经验模型中的应用方法；二是探索综合多传感器遥感数据的活动层厚度估计方法。

遥感信息在活动层厚度经验模型中的应用以 Zhang 等（2005）提出的融化指数（ATI）与活动层厚度之间的经验关系最为典型，该经验关系可表示为

$$ALT = EF\sqrt{ATI} \tag{3.28}$$

式中，土壤因子（EF）用于参数化土地覆盖类型对土壤热状态的影响。

Park 等（2016）利用式（3.28）的经验关系，将 MODIS 地表温度作为土壤表面温度计算融化指数，与观测对比表明，该方法夸大了活动层厚度的增加趋势，这可能是因为经验关系中过于简化了下垫面类型的表达，对积雪、土壤有机质和植被过程的过于简

化增加了其不确定性。

近期的研究开始探索综合多传感器遥感信息估计冻土活动层厚度的方法，如 Liu 等（2012）尝试了利用 InSAR 季节性形变估计活动层厚度的方法，该方法假设季节性融沉完全是由活动层中的孔隙冰融化引起的，从而建立了活动层厚度和季节性形变之间的正推和反演模型。首先，该模型通过积分孔隙度剖线上的土壤水分来计算由冰-水相位转换引起的体积变化，进而估计融化季节活动层的累积地面沉降。反之，已知 InSAR 观测地面沉降量和土壤类型，可以反演活动层厚度。利用 1992～2000 年 ERS-1 和 ERS-2 的多幅 SAR 影像，通过 InSAR 时序分析方法，分离了周期性的季节性融沉和年际的长期性沉降趋势。该方法是一次较直接的利用遥感定量估计活动层厚度的尝试，但该方法主要适用于地表土壤水分饱和或近饱和的地区。Pastick 等（2013）利用回归树模型结合 Landsat 多光谱图像和遥感获取的多种植被指数、归一化差分红外指数、归一化水指数、湿度指数、地表温度、生物量和土地覆盖类型等，将航空电磁获取的电阻率条带数据扩展到区域上，最后结合活动层厚度的地面测量，估算得到了美国阿拉斯加中部育空平原地区的活动层厚度，模型的皮尔逊相关系数达到 0.82。Gangodagamage 等（2014）证实了一种利用高分辨率遥感数据估计冻土活动层厚度的方法，作者使用了基于回归的机器学习数据融合算法，综合 LiDAR 获取的高分辨率地形参数、WorldView-2 的 NDVI 和活动层厚度地面测量数据，来估计阿拉斯加巴罗的冰楔多边形区域 2 m 空间分辨率的冻土活动层厚度，研究表明估算结果的均方根误差为 4.4 cm，R^2 为 0.76，分析显示小尺度活动层厚度的变异性受局地生态水文地貌因素的控制。

未来随着一些新型遥感传感器的发展，冻土活动层也有望通过卫星遥感直接探测，例如欧洲空间局计划于 2021 年发射的 BIOMASS，携带 P 波段 SAR，将可能为活动层厚度、活动层含水量和地下冰含量遥感带来新的契机。

3.3.4 形变

多年冻土区反复交替的土壤冻结和融化会造成地质环境与结构的破坏，从而导致房屋和道路等地面工程建筑物的地基破裂或者塌陷，这种冻土形变主要表现为三种方式，即蠕变、冻胀与融沉。与冻土形变相关的遥感方法发展非常快，本节主要介绍雷达干涉在冻土形变监测中的基本方法，对于其最新进展读者可进一步参考相关文献。

雷达干涉的原理是通过重复轨道两景图像的相位差测量地形变化，由于相位差对于地形变化的敏感性远超过地形本身，因此很小的地形变形都能通过相位差的变化被监测到，利用雷达干涉技术监测冻土形变的精度可达到厘米级。

近年来，雷达干涉测量技术的进一步发展，雷达卫星轨道精度与数据分辨率的不断提高及数据的积累，使冻土形变监测向长时间序列、毫米级精度等方向发展。为了解决卫星差分干涉 InSAR 技术易受时空失相干和大气延迟因素的影响问题，近年来一些新的 InSAR 技术得到发展，其中比较有代表性的方法有 PS-InSAR 和 SBAS-InSAR。这两种方法都是通过对散射特征比较稳定、高相干性的散射点的相位解缠来克服 D-InSAR 技术的局限。PS-InSAR 方法是通过分析离散 PS 目标之间的相位信息来获取地面沉降。这里，以 Chen 等（2018）在祁连山冻土形变的工作为例，以 2006 年 12 月到 2011 年 2 月的 17 景升轨 PALSAR 影像为例介绍 PS-InSAR 方法冻土形变测量中的使用，其主要工作流程如图 3.14 所示。该工作流程的特点是，融合了分段式形变模型（分离长期性形变和季节性形变），并采用了分级构网方法。首先，基于生成的时间序列干涉图选取 PS 点。PS 候选点的选择一般有两种方法，即振幅离差法和平均相干系数法。振幅离差是指振幅的标准偏差和其均值之间的比值。对于 SAR 影像中的任一像素而言，当其信噪比足够高时，振幅离差可以表示相位在时域上的稳定性。振幅离差法常用于城市地面沉降的研究。但是，在冻土区域，振幅离差法选出的 PS 点往往比较少，这是由分布式散射引起的信噪比过低引起的。平均相干系数是通过对所有相干系数图求平均值得到的，可以探测到更多的稳定点，也是潜在的 PS 点。其次，通过构建控制网来连接高质量的 PS 点，即振幅离差值大于 0.25 的目标点为高质量的 PS 点。这里使用 Delaunay 三角形法和临近点法两种构网方法。再次，使用周期图法来估算每个弧段的高程改正值、线性形变及季节性形变。这里只保留时域相干性系数大于 0.75 的弧段。使用迭代最小二乘法对所有的连接在一起的弧段进行空间积分，将在控制网中保留下来的 PS 点作为控制点来使用。然后，把所有剩余的 PS 候选点连接到最近的控制点。每个 PS 候选点必须连接到至少两个控制点上。然后再用同样的方法去判断弧段，只是为了保留更多的 PS 点，时域相干系数值设为 0.7。最后，基于差分干涉相位函数和 PS 点的差分干涉相位集进行相位解缠，得到 PS 点的形变量，对 PS 点形变量进行空间插值，可得到空间连续的形变速率。

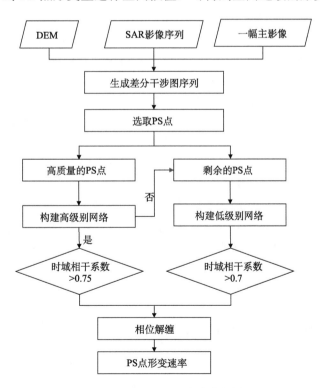

图 3.14　PS-InSAR 方法流程图

基于以上方法监测祁连山黑河上游八宝河源头俄博岭地区的冻融形变（图3.15），发现该区域内的最大长期性形变速率为4cm/a，季节性形变量最大值为6cm/a。

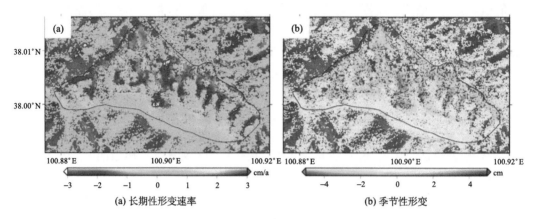

图 3.15　形变估计结果

然而，PS-InSAR 只针对不受时间、空间去相干的强反射点目标（如人工建筑物、裸露岩石等）进行干涉分析，冻土地区的永久散射体有限，导致观测结果不能客观反映研究区整体变化。SBAS-InSAR 技术通过选取短时-空基线的干涉对降低时空失相干的影响，并将分布式雷达目标（或称同质点）作为时序分析对象，以提高形变监测点的密度，但通常情况下冻土地区同质点目标的信噪比较低，会影响形变监测结果的可靠性。

为进一步提高自然地表同质点密度和时序形变估计质量，以 SqueeSAR 为代表的新的 InSAR 技术近年来备受瞩目，该类方法可以很好地弥补 PS-InSAR 和 SBAS-InSAR 的不足，但同质点识别和相位优化运算十分耗时，且 SAR 影像数较少时（一般小于 25 景）假设检验显著性不高。从可用的 SAR 数据来看，当前研究中常用的 SAR 影像（如 ASAR、ERS、PALSAR 等）在我国大部分冻土区获取时间不均匀且数据量较少，难以获得完整的冻融形变过程，需提供先验知识对 InSAR 解算模型进行约束，容易引入较大的模型误差。欧洲空间局分别于 2014 年和 2016 年发射的 Sentinel 1A/B SAR 卫星，具有短重复周期（6/12/24 天）、大幅宽、多极化等特点，在一定程度上有利于减弱时间去相干的影响，并能够获取更丰富的冻土区域地表变化过程信息，在多年冻土形变监测和活动层厚度反演方面具有很好的应用前景。另外，NASA 发射的 ICESat-2 携带了更先进的激光雷达，也将为冻土形变遥感监测提供新的数据源。

3.3.5　冰缘地貌

冰缘地貌（periglacial geomorphology）是指在寒冷气候条件下，由冻融作用为主要营力塑造的自然景观，如石海与石河、构造土、冻胀丘和冰锥、热融湖塘等。目前已发现的冰缘地貌类型有 50 多种。

冰缘地貌监测是冻土遥感的传统方向，遥感在冻土中的最早应用就是冰缘地貌制图。冰缘地貌遥感制图主要依据形态发生法，即通过对冷生形成作用的区分和对冷生过程的解释建立判别标准，据此划分冰缘地貌。多种冻土现象和冰缘地貌，如冰锥空地、石冰川和热喀斯特沉降都可能在遥感图像上被清晰地识别出来，例如 Wang 等（2017）利用 Google Earth 中的高空间分辨率光学影像，在北天山地区识别出 261 个活动型石冰川，并结合 InSAR 技术量化了其位置、形态、运动速度（图 3.16）。冰缘地貌监测中，高空间分辨率极为重要，随着地球观测系统的快速发展和遥感数据的积累，许多中高分辨率光学影像可低成本获取，冰缘地貌遥感成为冻土遥感的研究热点，且呈现出两个特点。一是新数据的应用，如美国侦察卫星的解密影像，这些影像最初用于军事侦察，获取于 1959～1980 年，覆盖了全球大部分多年冻土区，对于研究过去几十年冰缘地貌的变化来说极其宝贵。已有学者利用这些影像（尤其是来自 CORONA 卫星的影像）进行热喀斯特地貌分布的研究。二是 LiDAR 等新技术的使用，如机载激光雷达可以获取高分辨率（亚米级）和高精度（厘米级）的数字高程模型，基于这种手段重复观测的数字高程模型已经被用于热融滑塌监测。

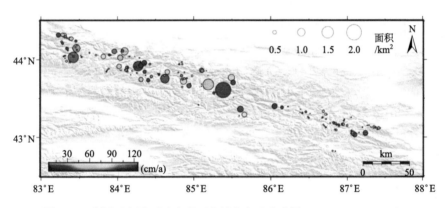

图 3.16　我国天山地区活动型石冰川分布及流速图（Wang et al., 2017）
圆形颜色表示相应石冰川沿坡向的运动速率，圆形大小表示相应石冰川的面积

3.4　河　湖　冰

河湖冰是河流或湖泊水体表面冻结而成的季节性冰体,河湖冰的形成和消融受气候、水温、水量和矿物质含量及所赋存的地理、地质环境的影响。河湖冰参数是气候变化的关键指标之一，对寒区湖泊生态及与其相关的淡水生物、化学和物理过程具有重要的作用，其主要物理参数包括河湖冰范围、封冻和解冻日期、冰厚度、冰类型等。通常河湖冰物理参数的动态监测可采用地面观测或遥感监测，特别是可采用可见光、近红外和被动微波遥感获取河湖冰范围及河湖冰解冻、封冻日期，应用主被动微波、热红外遥感开展河湖冰厚度监测，通过合成孔径雷达实现河湖冰类型监测，应用高时间分辨率的监测数据可获得河湖冰参数时空动态变化过程信息。

3.4.1　河湖冰范围

冰密集度（ice concentration）是水体表面被冰覆盖的比例的指标，通常用百分比表达。冰范围（ice extent）则为水体中冰所覆盖的部分，通常用面积作为量算的单位，如 km^2。两者都是河湖冰覆盖程度的重要指标。

监测河湖冰范围和冰密集度的遥感技术主要有河湖冰范围光学遥感（如 Landsat、哨兵 2 号、高分系列光学卫星、MODIS 等）、雷达遥感（如 RADARSAT、哨兵 1 号等）和其所包括的河湖冰雷达面散射、体散射分析，以及河湖冰在雷达图像上的典型特征分析（强度、干涉及极化）等。

1. 光学遥感河湖冰范围监测

采用光学遥感可以有效地计算河湖冰密集度和范围，主要方法有积雪填图法（snow mapping）、阈值分类法等。采用积雪填图法的指数算法，通过 MODIS 等数据可获得覆盖水体的冰分布范围，如 Kropacek 等（2013）采用 MODIS 8 天合成的 NDSI 数据产品，获得了 2001~2010 年青藏高原 59 个湖泊的湖冰范围变化与物候特征；Qiu 等（2019）采用逐日 NDSI 数据产品并基于去云算法，已获得青藏高原 308 个湖泊的冰覆盖比例。Chaouch 等（2014）利用基于阈值的决策树分类法，对美国 Susquehanna 河流进行了基于 MODIS 光学遥感的河冰范围监测，通过与 Landsat 监测数据进行比较，监测精度可达91%。

2. 雷达遥感河湖冰范围监测

光学遥感在云雪区和高纬度极区存在着云覆盖和极夜条件的问题，其动态监测受到影响，在这种情况下，则需要更多地依赖微波遥感手段。在干燥的冰雪环境下，雷达图像对于冰、水的区分具有不可比拟的优势。冬季较为平静的水体，其雷达后向散射强度大大低于冰体覆盖的水体，因此在雷达图像中具有较大的反差。典型的应用是利用自动分割方法（Clausi et al., 2010）开展雷达遥感 RADARSAT ScanSAR（HH 极化）数据湖冰分类，如图 3.17 所示。

3.4.2　封冻和解冻日期

冰体的封冻、解冻及冰封持续时间被称为冰物候（ice phenology），是气候变化研究的敏感因子之一，其短期变化往往受大气条件、温度的影响，同时也受局地环境条件的变化所影响，而其长期变化受到全球气候变化的调节作用。封冻被定义为水体从初次冻结到完全冻结的过程，而解冻为冰体完全暴露（积雪完全融化后的冰体）到无冰水体的过程，因此在河湖冰监测过程中，除了根据冰水比例确定其冻结和融化日期以外，有时候也考虑开始封冻日和完全封冻日、开始融化日和完全融化日等参数，以此可表征冻结和解冻的时间过程。

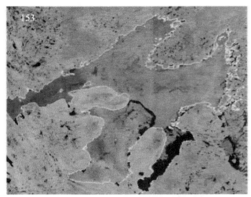
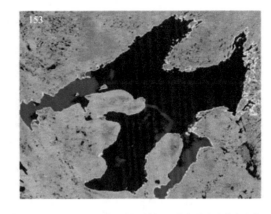

(a) 1998年2月SAR原始数据（黑色水体）　　　(b) 1998年2月经过图像分割的数据(深蓝色冰和浅蓝色水体)

图 3.17　SAR 图像基于像素级的湖冰覆盖范围自动分割方法应用

1. 光学遥感河湖冰冻融日期监测

在光学遥感方面，大多利用多光谱数据在不同波段对冰、水不同相态的反射特征的差异，实现湖冰冻融监测。纯净水体的反射率主要集中在可见光的蓝绿光波段，在可见光其他波段反射率很低。主要监测方法有反射率阈值法、单波段阈值法和 NDSI 法。反射率阈值法是根据冰、水在红光和近红外区域的反射率差异，如利用 MODIS 第 1、2 波段反射率的差并采用第 1 波段反射率的阈值加以限定，即将差值大于阈值且满足限定条件的像元判断为湖冰（殷青军和杨英莲，2005）。而基于 AVHRR 反射率数据可根据湖面反射率变化分布曲线选定反射率阈值，实现计算机自动识别（Latifovic and Pouliot, 2007）。单波段阈值法则利用近红外波段限定阈值，大于阈值则判定像元有冻结现象，此方法可快速反演湖冰的冻融变化。NDSI 法根据绿光波段和短波红外波段计算，再通过限定的阈值对其加以判断，即可识别冰、水。图 3.18 是基于 Sentinel 数据的青海湖湖冰的提取。同时也可根据热红外波段反演的湖泊表面温度建立模型来预测湖冰冻融（Matsunaga, 2007）。提取出湖冰数据以后，需要根据冰、水所占百分比进行湖冰冻结和融化日期参数的判断。一般以湖冰面积占湖泊总面积的 90%、10%作为湖泊冻、融判别依据，河冰则由于河流的流动，在判别冻、融时会存在信息干扰，从而面临较大的难度。

就光学传感器 AVHRR、MODIS 所获取的遥感影像而言，其时空分辨率在河湖冰监测方面具有很大优势，但光学遥感监测易受限制，特别是在高纬度地区的晚秋、初冬极夜，与之相对，微波遥感提供了在多云和极夜条件下获得湖冰物候参数的监测能力。

2. 被动微波遥感河湖冰冻融日期监测

用微波遥感开展河湖冰物候的监测具有独特的优势，根据微波辐射亮度温度和后向散射的时间序列数据，可对微波遥感像元尺度湖泊的冰覆盖状态及其冰水相变过程开展监测。

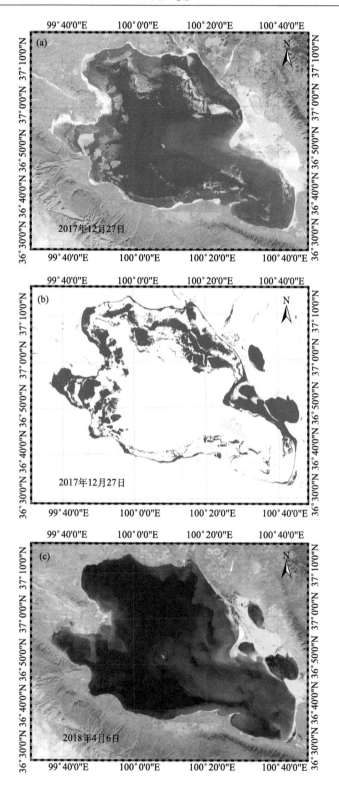

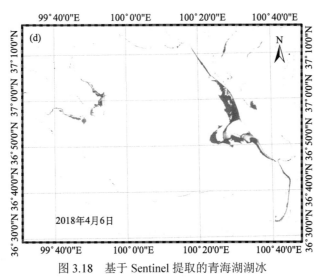

图 3.18　基于 Sentinel 提取的青海湖湖冰

（a）和（c）为遥感影像，RGB：B431，白色为冰体；（b）和（d）为识别结果，蓝色为冰体

对于被动微波遥感，在理想状态下假设传感器接收到的亮度温度就是物体自身的辐射亮度温度，在忽略物体的表面粗糙度及一些其他因素的影响后，物体微波辐射的亮度温度可以用式（3.29）和式（3.30）表示

$$T_b(f,\theta,p) = e(f,\theta,p)T \tag{3.29}$$

$$e(f,\theta,p) = 1 - \varGamma(f,\theta,p) \tag{3.30}$$

式中，f、θ、p 分别为频率、入射角和极化方式；e 和 $\varGamma$ 为物体的发射率和反射率。当温度等于水与冰的临界温度 0℃时，理想状态下的 18GHz 不同极化下水与冰的发射率分别为 0.7828、0.2726（水平极化），以及 0.9953、0.6215（垂直极化），这种冰、水发射率差异是应用被动微波监测湖冰冻融的基本原理。据此可以实现湖冰冻融日期的判别（图 3.19），但由于被动微波分辨率低，为实现更多小面积湖泊冻融的监测则需要采用混合像元分解的方法（邱玉宝等，2017）。

相似地，湖泊长时间序列的后向散射系数在冬天会出现高值，而在融化时又会显著下降。利用 QuickSCAT 散射计 Ku 波段的后向散射系数阈值法也可探测湖泊的解冻、封冻日期（Howell et al.，2009）。

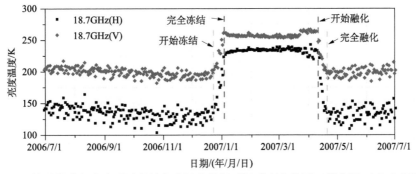

图 3.19　被动微波湖冰冻融过程的亮度温度特征时间系列曲线图（蒙古国-吉尔吉斯湖）

3. 雷达遥感河湖冰冻融日期监测

基于 SAR 技术可实现高分辨率下湖冰冻融的监测,冰封前开阔的湖面后向散射系数一般较低,当全天气温持续低于 0℃时,稳定的冰才能完全覆盖湖面,这一时期后向散射强度一般介于–20～–10dB。形成这种现象的主要原因是新形成的冰面上、下表面均很光滑,镜像反射导致雷达回波信号较弱。在湖冰较薄的时期,如果出现较强的降雪,冰面被压破,湖水上开,形成雪泥(slush),湖面的后向散射会急剧下降。当再次被冻结时,会形成白冰(white ice),此时冰内较大的球形气泡和粗糙的湖面会引起强后向散射。随着湖面完全被冰覆盖,持续低温冻结导致湖冰快速增厚,此时湖冰的后向散射系数可增大至近 10dB。由于湖冰快速生长过程中会将大量气泡冻结在冰体内,这一现象可导致强烈的体散射和面散射,从而解释了冰封期湖面的强后向散射。

随着气温的升高,湖面一旦出现融水,后向散射会急剧减弱,然而在湖冰融化过程中,会出现反复冻融的过程,因而实际观测中会出现后向散射震荡变换的情况,这与冰封过程具有一定的相似性。基于上述雷达后向散射变化特征,可以建立有效冰候探测方法,如图 3.20 所示(Surdu et al., 2015)。

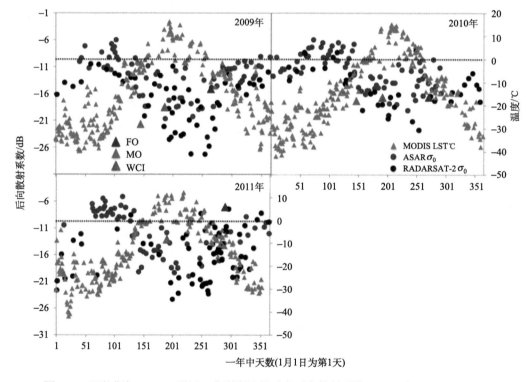

图 3.20　阿拉斯加 Barrow 附近一典型湖泊的时变后向散射系数[ASAR 和 RADARSAT-2
(2009～2011 年)]

灰色三角形表示 MODIS 观测的陆地表面温度。SAR 探测的冻结、融化与无冰日分别为蓝色、橙色和红色三角形标识(Surdu et al., 2015)

鉴于河流流动的特性，可以在特定河流段实现对河冰的监测，光学与雷达高度计监测数据都用于监测较大的河流，由于分辨率的限制，细小河流并不能被有效识别。

3.4.3　河湖冰厚度

河湖冰厚度是河湖冰水力学模型的重要参数，随着气温与降水（积雪）的变化，河湖冰在生长、消融的过程中，冰厚度也在发生着变化。传统的台站观测仅仅是对冰的某一点进行测量，代表性较弱，此外，有关湖冰冻融日期及厚度的地表监测站点在 20 世纪下半叶已大量减少，已经不能满足气候学研究的数据需求。

目前监测河湖冰厚度的方法主要是结合遥感数据与模型展开的，相比于传统的"点"测量，遥感手段的出现无疑为冰厚度的估算提供了更多的信息。而河湖冰厚度变化的监测是遥感应用的难点和重点之一。星载被动微波辐射计可实现河湖冰厚度的监测，Kang 等（2014）通过分析加拿大 Great Bear 湖（GBL）与 Great Slave 湖（GSL）在冰期的 AMSR-E 的 X 波段和 Ku 波段的亮度温度值，发现冰厚度与辐射计观测的亮度温度变化有很强的相关性，并利用简单的线性回归方程实现了加拿大两大湖泊湖冰厚度的估算，并据此模拟了全球湖泊湖冰厚度的回归方程：

$$\text{Great Bear 湖：} \quad \text{ICEGBL} = 3.53 \times \text{TB} - 737.929 \tag{3.31}$$

$$\text{Great Slave 湖：} \quad \text{ICTGSL} = 2.83 \times \text{TB} - 586.305 \tag{3.32}$$

$$\text{ICTGlobal} = 3.25 \times \text{TB} - 680.262 \tag{3.33}$$

式中，ICEGBL 和 ICTGSL 分别为两湖的冰体厚度（cm）；TB 为 Ku 波段亮度温度值（K）。但实际应用中，由于不同区域气候环境条件不同，以及湖泊化学性质和物理性质等各有不同，因此，湖冰厚度监测算法参数也具有差异性。

合成孔径雷达（SAR C 波段）也可用于估算河湖冰厚度，通过研究冰厚度与 C 波段 HH 雷达后向散射、地面观测厚度、积雪深度、冰的结构/类型之间的关系，并与精细光束模式 RADARSAT-1 图像中的后向散射值进行对比，发现 SAR 所监测到的冰结构及其包含物（如气泡）有助于冰厚度的监测（Unterschultz et al.，2009）。

热红外遥感也是估算河冰厚度的手段之一，如利用机载热红外影像可估算河流薄冰层的厚度（小于 20cm）（Duguay et al., 2015），该方法可推广到利用 MODIS 的热红外数据进行河冰厚度变化动态监测研究。

3.4.4　河湖冰类型

河湖冰类型的划分对河流沿岸的经济活动与河道运输有重要影响，而且对河流冰凌的预测并减缓冰凌的影响有重要作用。冰主要包括浮冰（floating ice）、冻透冰（grounded ice）两种类型。浮冰是指所有能自由漂浮于水面、能随风或水流漂移的冰，又称流冰，包括湖冰、河冰这些形成于水体表面的冰。冻透冰又为搁浅冰，也即冰存在搁浅的现象或完全冻结到了湖底。遥感针对类似的冰体监测具有十分重要的作用，其中合成孔径雷达是较为有效的监测手段。

  SAR 能够通过微波穿透冰的信号获取积雪下冰的结构，冻透冰和浮冰在后向散射上差异显著（图 3.21），在 SAR 影像里，浮冰比冻透冰含有更多的气泡，因此导致二者有

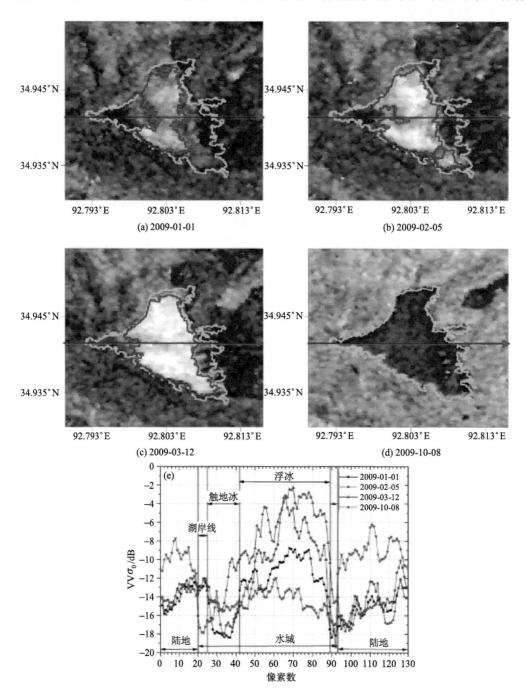

图 3.21 长时间序列下湖冰 SAR 图像及其后向散射系数示意图

明显不同的后向散射，经过 ERS-1/2、RADARSAT-1、Envisat Advanced SAR 的 C 波段多极化数据验证表明，在结冰期冰由浮冰变成冻透冰，后向散射系数也由高变低。在干雪条件下，合成孔径雷达可有效地实现冰（纹理）内部结构信息的获取（图 3.22），利用 Fuzzy 聚类分类法应用 RADARSAT-1 数据实现 Peace 河冰类型的分类（Weber et al.,2003）。

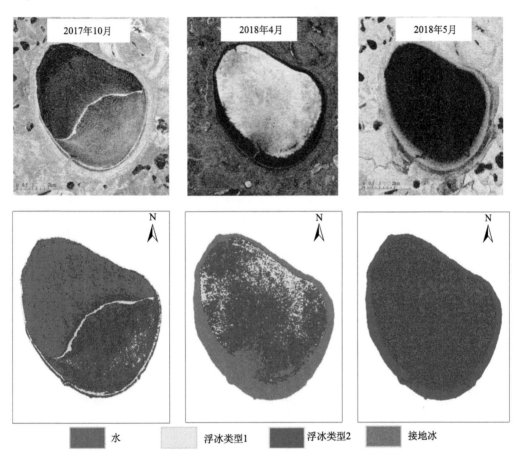

图 3.22　俄罗斯（69°27'50"N，156°5'12"E）湖泊不同类型湖冰示意图

利用 RADARSAT-2 区分加拿大 Yukon 地区春季融化和冬季冻结时冰与湖水的覆盖范围时发现，对于春季融化监测，HH 极化在早期较合适，而 HV 在中后期更合适；在冬季冻结时监测，同极化不易受风的影响，在入射角<28°的情况下，反熵也是较好的特征参数。利用 L 波段全极化的 ALOS-PALSAR 数据分析阿拉斯加地区湖泊的后向散射特征，发现 L 波段对冻透冰和浮冰的区分能力比 C 波段低，并且浮冰的主要散射来自冰-水界面处的面散射。

近年来，随着全极化 SAR 和 InSAR 技术的发展，基于极化和干涉特征的分类方法也被广泛采用，如多极化强度、极化分解参数、Wishart 聚类、干涉相干系数分割等。此外，融合多波段、全极化和高分辨率数据研究湖冰后向散射特征，进而分类识别不同冰类型是未来发展的趋势。

思 考 题

1. 河湖冰在封冻和解冻前后电磁波的关键特征是什么？
2. 积雪和云的光谱特征差异是什么？
3. 土壤冻结后介电常数的实部和虚部如何变化？

第4章 海洋冰冻圈遥感

李新武　邱玉宝　傅文学

海洋冰冻圈主要由海冰、冰架和冰山组成。本章将详细介绍应用遥感观测海洋冰冻圈要素，如海冰、冰架和冰山的基本原理和思想，典型方法和技术，应用案例和发展趋势。

4.1　海　　冰

海冰是海洋表面海水冻结形成的冰，海冰表面的降水再冻结，并也成为海冰的一部分。海冰变化不仅影响海洋的层结、稳定性及对流变化，还影响大尺度的温盐环境。与海冰相关的参数主要包括海冰范围、密集度、海冰融池、厚度及海冰运动等，遥感在海冰多参数的监测中具有重要作用。

4.1.1　海冰覆盖范围与密集度

海冰覆盖范围与密集度是反映海冰变化的主要指标，是指导冰区航行的重要参考。海冰密集度是指单位面积海域内海冰所占面积的比率，而海冰范围是指密集度大于或等于15％的海冰所覆盖的范围。遥感技术的发展为准确监测全球海冰密集度提供了一个非常有效的监测工具。现代遥感技术不但能提供海冰总密集度的分布，还能分别监测一年与多年海冰的密集度分布。

1. 可见光遥感

各类海冰的可见光、近红外实测反射波谱表明，随冰型、冰面粗糙度及污化状况的变化，海冰在 0.4～0.7μm 可见光区反照率为 0.3～0.6，远高于海水反照率（<0.1）。0.7～1.1μm 近红外区海冰反照率有所下降，但与海水相比仍能使遥感图像上产生足以区分它们的灰阶差。但波长大于 1.1μm 时海冰反照率大幅度下降，与海水反照率的相近导致无法根据灰阶差在遥感图像上区分它们。因此，Landsat TM 及 NOAA AVHRR 0.4～1.1μm 各波段遥感资料被广泛用于监测海冰。只有用可见光-近红外遥感图像确定区分海冰和海水的灰阶阈值后，才能实施海冰密集度监测。通常用图像像元灰阶（0～255）直方图来确定阈值，即将直方图上代表海水及各类冰型的灰阶峰所相间的灰阶最低谷作为阈值，

并以此确定海冰面积及密集度。

2. 被动微波遥感

同一环境下，各类海冰微波发射率及相应亮度温度与海水相差较大，目前已有众多依据 SMMR、SSM/I 和 AMSR-E 等被动微波遥感资料反演海冰密集度的算法，其中以 NASA TEAM（NT）算法、ARTSIST Sea Ice（ASI）算法等应用最广泛。

NASA TEAM 算法是根据辐射亮度温度的差异将极区海冰表面覆盖分为海水、一年冰和多年冰这三种类型。用于区分海水、一年冰和多年冰三种覆盖类型的物理基础是它们在不同频段（频率和极化）的微波辐射特性不同。利用极化梯度率（polarization ratio, PR）和光谱梯度率（spectral gradient ratio, SGR）建立海冰密集度反演方程，并最终获取海冰密集度的估算结果。美国国家冰雪数据中心（National Snow and Ice Data Center, NSIDC）基于 NASA TEAM 算法得到的海冰密集度如图 4.1 所示。

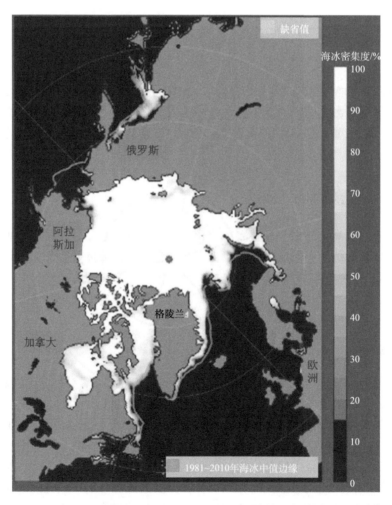

图 4.1　基于 NASA TEAM 算法得到的 2018 年 4 月 28 日北极海冰密集度（图片来自 NSIDC）

ASI 算法根据极化差 P 来计算海冰密集度：

$$P = T_{bv} - T_{bh} \tag{4.1}$$

式中，T_{bv} 是垂向极化亮度温度；T_{bh} 是水平极化亮度温度。

为了详细地反演 0～100%的所有海冰密集度，选择一个三阶多项式来拟合 0～100%的海冰密集度：

$$C = d_3 p^3 + d_2 p^2 + d_1 p + d_0 \tag{4.2}$$

式中，C 是海冰密集度；d_0、d_1、d_2 和 d_3 是系数（常数）。图 4.2 为基于 AMSR2 得到的北极海冰密集度结果。

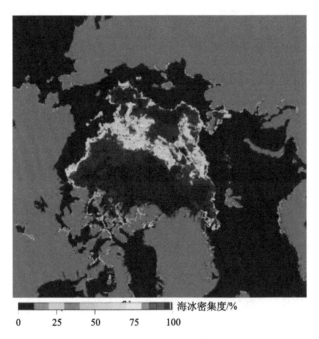

图 4.2 基于 ASI 算法得到的北极海冰密集度（2013 年 8 月 27 日）

资料来源：不来梅大学

3. 主动微波遥感

可见光、近红外遥感图像像元分辨率较高，但云和极夜现象的存在，影响可见光-近红外遥感图像的质量，这使得可见光和近红外遥感观测难以满足航运等实用需求。被动微波遥感具有全天候工作的优势使它成为监测海冰的主要技术，但它也存在着分辨率低的不足。

主动微波信号以同一入射角照射各类海冰和海水时，传感器获得的后向散射系数有差异。当差异足够大时即可从遥感图像上圈定它们的边界，计算各自范围及海冰密集度。以 SAR 为代表的高分辨率图像的主动微波遥感正逐渐成为监测海冰密集度的主要工具，SAR 图像分辨率通常为 20～30m，所以可逐个像元解译。但海冰和海水后向散射系数随天气环境变动幅度较大，降低了监测的准确性。所以它常与图像上其他信息，如纹理信息协同使用来提高监测的准确性。

4.1.2　海冰类型

海冰类型分布变化与气候变化有关，主要包括多年冰、一年冰和新冰。多年冰是指至少经过两个夏季而未融化的冰。一年冰厚度多为 0.3～3m，时间不超过一个冬季（秦大河，2014）。新冰是指厚度小于 30 cm 的冰，如果新冰继续生长，则会成为一年冰。多年冰的反照率高，能够将太阳辐射反射回大气中，从而影响海-冰-气的热量交换。一年冰在融冰期会融化为海水，科考队和航海者可通过其融冰程度选择航行路线。

1. 基于 MODIS 的新冰提取

根据不同类型的海冰在反照率上的差异，以及薄冰与海水在温度上的差异，结合宽波段大气顶层反照率和温度这两个参数，实现基于阈值分割的北极区域新冰提取。

根据 Cavalieri 等（2010）的研究，反照率的估算可利用 MODIS 数据的第 1、3 和 4 波段完成：

$$\text{Reflectance} = B_1 \times 0.3265 + B_4 \times 0.2366 + B_3 \times 0.4364 \tag{4.3}$$

式中，Reflectance 表示宽波段大气顶层反照率；B_1、B_3 和 B_4 分别表示校正后 MODIS 影像中 1、3 和 4 波段相应的反射率。Cavalieri 等（2006）利用 Landsat 7 ETM+的全色波段完成了基于反照率阈值的新冰提取，并进一步验证了该阈值用于 MODIS 数据的有效性。具体的阈值设定如下式：

$$0.1 < \text{Reflectance}_{新冰} < 0.6 \tag{4.4}$$

当反照率介于 0.1～0.6 时，将该海冰的类型定义为新冰。

2. 基于 SAR 的海冰图像分类技术

SAR 海冰图像分类方法主要分为两类：基于先验知识的分类方法和基于概率统计的分类方法。马尔可夫随机场（markov random field, MRF）模型作为基于概率统计分类方法的一种，其研究主要分为以下三个方面。

（1）基于像素灰度的 MRF 模型分类：使用 MRF 模型对 SAR 海冰图像进行自动分类，首先把海冰图像分为不规则的区域，再利用马尔可夫随机场制定联合信息的标注，对每块信息进行像素级分类。这种方法只适用于特定情况下的海冰图像处理，应用范围较小。

（2）结合纹理特征的 MRF 模型分类：结合马尔可夫随机场模型与灰度共生矩阵对 SAR 图像进行分类，使用 EM 算法估计特征场函数的参数，并选择模拟退火算法求解能量函数的最优解，将特征场能量参数设为与迭代过程中温度相关的函数，使特征场对分类结果的影响随迭代次数的改变而改变，最后选择灰度共生矩阵的对比度与熵四个方向共 8 个参数构建 MRF 模型的特征场，得到最终的实验结果，比一般 MRF 模型分类效果更准确。

（3）基于区域特征的 MRF 模型分类：首先对图像进行滤波处理，使用分水岭算法获取 SAR 图像的匀质区域，建立图像同质区域 RAG 邻接图，给每一个区域随机分配初始标记，构建区域水平的特征场模型，计算相同标记的相邻区域的能量差，按一定规则合并相似区域，得到最终的分类结果。该算法能有效提高分类速度与准确度，且有利于图像边缘的保持。

使用 SAR 影像这类不受云雨影响的数据能够大大增加可用的数据源，也可引入数学公式、数学模型进行更深入的分析研究，如小波变换、主成分分析、互相关函数等。

4.1.3　海冰融池

海冰表面融水现象是近年来海冰发生和发展的关键要素。夏季在阳光照射下，海冰和表层积雪迅速消融，冰面上形成了不同形状大小的冰上融池，融池的典型结构如图 4.3 所示。

随着气候的变化，夏季冰融化速度也越来越快，冰融速度加快也可能使融池这种重要的自然现象成为北极海冰融化季节最显著的冰表面特征之一。融池的反照率介于海水与海冰之间，研究冰上融池也是研究北极海冰快速变化机理的一个重要组成部分。

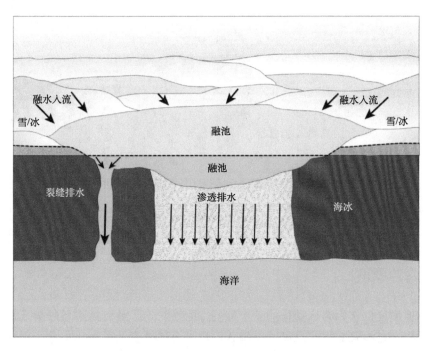

图 4.3　典型融池结构及其流入流出途径

海冰融池的遥感监测可利用主动微波、被动微波或者光学遥感技术进行。融池表面和海冰表面具有不同的雷达散射强度和极化特征，可实现利用高分辨率 SAR 数据进行融池覆盖度估算。同时被动微波数据的 H 极化 6.9 GHz 亮度温度与 V 极化 89 GHz 亮度温度之差与融池覆盖度也有较好的相关性，可用此关系进行融池覆盖度的估算。

　　由于海冰融池和海面具有相似的微波信号特征，且受到风速等因素的影响，利用微波数据进行融池覆盖度的制图具有明显的不确定性，因此最可靠的融池覆盖度遥感方法为利用中分辨率光学遥感数据（MODIS 和 MERIS 传感器）进行亚像元融池覆盖度的制图。在光学波段，海面、融池表面和海冰表面会有不同的光谱特征，Tschudi 等（2008）利用端元反射率假设和线性光谱混合模型对融池覆盖度进行了计算，这是首次对融池进行大范围的卫星遥感监测。线性光谱混合模型的基本公式为

$$\left[\sum a_i r_i = R\right]_k, \sum a_i = 1 \tag{4.5}$$

式中，a_i 为各光谱端元在像元中所占的面积比例；r_i 为各覆盖类型的光谱反射率；R 为 MODIS 像元反射率。利用模型模拟、实验观测等手段可获得各覆盖类型（融池、海水、海冰、积雪等）的光谱反射率，解算式（4.5）即可获得融池在像素内的覆盖度。利用 MODIS 数据和人工神经网络方法对融池覆盖度进行制图，如图 4.4 所示。验证结果表明决定系数（或称判定系数，拟合优度）在 0.28～0.45，RMSE 在 3.8%～10.7%。

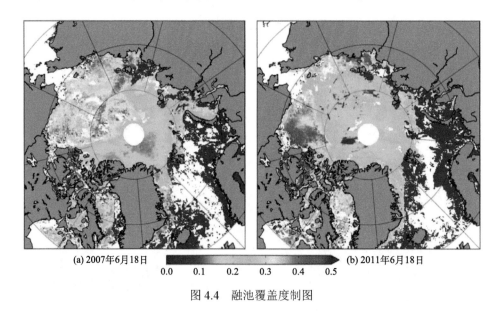

图 4.4　融池覆盖度制图

4.1.4　海冰厚度

　　海冰厚度变化作为海冰变化的一个重要方面，对于了解海冰物质平衡及表面能量收支等海洋物理过程有着重要意义。准确获得极区海冰厚度及其变化信息，不仅有助于开展极地地区乃至全球气候变化、环境变化、生态安全等研究，还对海洋资源开发、海上交通航运、极地考察等具有重要的现实意义。

　　目前获取海冰厚度信息的方法主要有现场观测、仰视声呐、走航观测、电磁感应、主/被动微波遥感、卫星测高等，利用遥感方法探测海冰厚度的方法主要如下。

1. 主/被动微波遥感海冰厚度反演

微波遥感探测海冰厚度是通过机载或星载微波辐射计或合成孔径雷达等传感器识别海冰，辅以必要参数来估算大尺度海冰厚度。

用被动微波遥感开展海冰厚度研究的冰面实验始于 1978 年，实验得出不同类型海冰的微波发射率会随着海冰厚度的增大而增强，基于海水微波发射率远低于海冰发射率来识别海冰范围与密集度，然后根据海冰厚度与海冰温度和盐度等的关系，估算出海冰厚度。目前能用于海冰厚度反演的星载被动微波辐射计有 AMSR2/GCOM-W1、DMSP/SMM/I、MWRI/FY3B、MIRAS/SMOS 等，被动微波遥感是大面积获取海冰厚度信息的有效手段，可探测厚度小于 0.5m 的海冰。

主动微波探测海冰的基本原理是通过合成孔径雷达向海冰发射微波，利用接收到的回波信号识别并计算海冰的极化后向散射系数，根据海冰厚度与后向散射系数的关系估算出海冰厚度。Kwok 等（1995）首先使用合成孔径雷达对北极波弗特海薄海冰厚度进行了探测，证明了该方法的可行性。

2. 卫星高度计海冰测高和海冰厚度反演

卫星测高是近些年来应用比较多的探测海冰厚度的方法，是获取半球尺度连续海冰厚度信息的有效方法。海冰表面高与海面的差异即海冰干舷高度，利用测高卫星提供的高程信息可以计算海冰的干舷高度，再通过浮力定理进一步反演海冰厚度。

卫星测高估算海冰厚度的方法由 Laxon 等首次应用于海冰厚度探测中，Laxon 等（2003）使用了 ERS-1/2 雷达高度计数据估算了北极海冰厚度。用卫星高度计测量海冰厚度的基本原理是通过卫星上搭载的雷达高度计或激光高度计向海冰发射微波或者激光脉冲，获取并识别海冰与邻近海水（冰间水道或公开水域）的时间延迟，计算海冰干舷高度（即海冰的出水高度），再根据海冰的静力平衡模型估算海冰厚度，基本原理如图 4.5 所示。

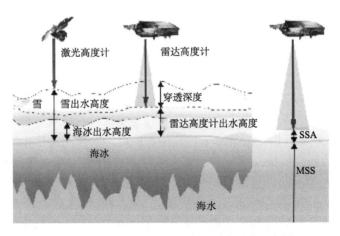

图 4.5　卫星高度计海冰测高和厚度反演示意图

雷达高度计获取海冰厚度的方法及原理：

$$H = F_s \frac{\rho_w}{\rho_w - \rho_l} + S \frac{\rho_s - \rho_w}{\rho_w - \rho_l} \tag{4.6}$$

激光高度计海冰测高和海冰厚度反演：

$$H = F_R \frac{\rho_w}{\rho_w - \rho_l} + S \frac{\rho_s}{\rho_w - \rho_l} \tag{4.7}$$

式中，H 为海冰厚度；F_s 和 F_R 分别为雷达高度计和激光高度计测得的海冰干舷高度；S 为冰上积雪雪深；ρ_w、ρ_l、ρ_s 分别为海水、海冰和雪的密度。

在利用遥感手段获取海冰厚度的过程中，用主动微波遥感和被动微波遥感可以获得较大尺度的海冰厚度空间分布，用卫星测高方法能进行半球尺度连续海冰厚度变化信息的探测，但冰间水道探测方法的不同及各模型参数取值的差异所引起的海冰厚度估算结果的不确定性较大。此外，受夏季海表面融化的影响，几乎所有的微波和卫星测高反演冰厚度的手段在夏季都难以使用，这是目前海冰厚度反演的一个难点。未来极地海冰厚度研究的重点是，发挥不同的探测方法的优势互补进行数据同化和联合应用研究。

4.1.5 海冰运动

海冰运动是指海冰在风力、潮汐、洋流等多种因素影响下，在多种作用力综合作用下而呈现出的复杂运动形式，海冰会在洋流和风的作用下发生显著的运动。在南北极、中高纬度地区，海冰运动会对海洋油气开采、水产养殖、船舶运输等带来直接的灾害，海冰的移动和移动速度对于船只航行、海岸平台、海岸设施有很大的影响，同时也对南北极乃至全球气候变化有重要影响。

当前，研究海冰运动的方法主要有数值模拟、浮标观测和卫星遥感观测等，其中卫星遥感已成为获取大范围海冰运动数据的一种有效方法，用于海冰运动观测的卫星传感器包括被动微波辐射计、光学传感器和 SAR 雷达，利用相邻两次或者多次观测的数据，再加上对洋流和风场的估计，就可以估算海冰的速度，图 4.6 是南北极海冰漂移矢量图。

利用遥感等非接触测量手段开展海冰运动的分析研究，采用的方法主要有最大协相关方法（maximum correlation criterion，MCC）、光流算法和小波分析等。其中最大协相关方法是常用的估算大面积海冰运动的方法，其基本原理是通过计算最大协相关系数来获得两个信号之间的位移量，用协相关分析法对连续的卫星遥感图像进行处理，从而得到海冰运动信息。光流算法则将像素运动的瞬时速度视为流场来分析，假设在一个小的空间邻域内运动矢量保持恒定的基础上，利用加权最小二乘法估计光流等。

当前海冰运动研究区域主要集中于极地，尤其是针对北极海冰的研究，而对于季节性海冰地区及人类活动频繁的海域研究有待加强；结合现场和遥感观测研究开发具有更高时间、空间分辨率的海冰运动数值模式，将现有海冰运动研究方法有机结合、优势互补；加强小尺度海冰数值模拟，为海冰防灾减灾和海冰资源产业化应用提供重要参考。

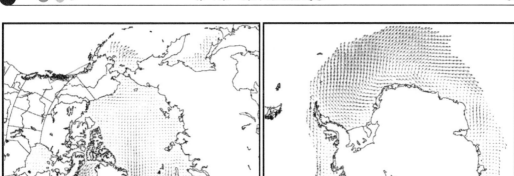

(a) 北极　　　　　　　　　　　　　　　　(b) 南极

图 4.6　1992 年北极海冰漂移分布（NSIDC）和 1992 年南极海冰漂移分布（NSIDC）

4.1.6　海冰表面能量平衡

海冰能量平衡主要指海冰与大气、海冰与海洋等外界环境的能量交换。海冰在北极与南极区域广泛分布，它强烈制约着海表能量的交换，对全球气候起着重要的调控作用。根据卫星传感器具备的宽光谱覆盖、高空间分辨率与高时间分辨率的特点，可以获取区域净辐射通量与地表反照率等数据，以及有效获取极区能量收支情况，对研究极区气候变化规律与极地环境保护具有重要意义。

在极区，能量在海洋、海冰、大气之间传输，其中海冰表面接收到的能量主要是太阳辐射，以及大气和云层的下行辐射。能量在传输过程中会受到云层、地形、地表反照率等因素的影响，导致地表接收的能量不均。海冰表面辐射能的收支由上行和下行长、短波辐射通量和海冰表面反照率决定。常见的能量通量数据有欧洲中期天气预报中心提供的 ERA-Interim 再分析数据，其中包括大气上行与下行辐射、压强、比湿、温度等。

云层、大气水汽和温室气体通过吸收地表辐射和太阳辐射，贡献很大一部分的下行长波辐射。反演大气水汽含量主要利用微波辐射计算单位底面积大气柱中水汽和云液态水的积分含量。NASA 的 CloudSat 和 CALIPSO 卫星是目前唯一包含主动云雷达和激光雷达的空间观测卫星组合，该卫星可以第一时间提供全球三维云层的宏观物理特征和微观物理特征。

在未来的海冰能量平衡研究领域，会不断深入改善能量传输模型，获取更多云层参数，并结合多源遥感卫星数据，进一步准确获取辐射通量、地表反照率等关键数据。这是利用遥感技术在未来极区进行能量平衡研究的关键。

4.1.7　海冰反照率

反照率是指地表在太阳辐射影响下，向上的反射辐射能量与向下的入射辐射能量的比值，其中向上及向下的辐射能量均包括所有波段的辐射能量。在极区，海冰表面的反照率远高于海洋表面的反照率，造成了不同区域太阳辐射能吸收的差异（图 4.7）。近年来，在全球气候变暖的影响下，北极海冰反照率正在发生着显著变化，因此基于卫星遥感观测数据对北极海冰反照率进行监测具有重要的研究意义。

遥感反照率产品一般由 NOAA/AVHRR 和 MODIS 等可见光和近红外传感器获得。反照率反演的主要内容包括太阳天顶角校正、宽带反射率转换、各向异性校正、大气校正及云检测。地表反照率可以经大气校正后得到（大气校正部分内容请参见第 5 章）。

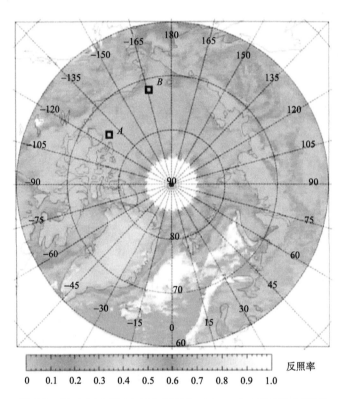

图 4.7　2008 年 3 月 14 日北极 NOAA/AVHRR 月平均反照率

A. 波弗特海域；*B.* 楚科奇海域

4.2　冰　　架

冰架是冰盖前端延伸漂浮在海洋部分的冰体，可视为冰盖的组成部分（图 4.8）。冰架由内陆冰盖的流动和积雪的累积进行补给。冰架有大有小，大的冰架可达数万平方千米，两极地区是冰架最集中的地区。

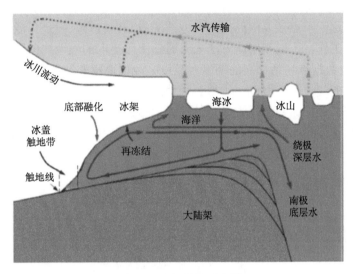

图 4.8　冰架结构示意图

关于冰架的研究已经有 60 多年的历史，最早提出关于冰架理论的是 Weertman（1957）和 Robin（1958），他们分析了冰架的扩展。Thomas（1973）发展了他们的理论，之后又有很多学者和专家对冰架的机理和变化趋势做了详细的研究。如今，观测冰架的手段不断丰富，如摄影测量、InSAR、GPS、卫星测高及卫星重力等，其观测精度在不断提高，数据处理方式也在不断改善，使人们对冰架的认识更加深入。

4.2.1　触地线

触地线是内陆冰盖和漂浮冰架的分界。触地线的位置对于物质平衡估算至关重要，以南极为例，计算南极冰川流出到海洋的冰通量，最准确的方法是计算流过触地线的冰通量的大小，即利用触地线所在位置的冰流速数据和冰厚数据进行计算，因此不准确的触地线位置会导致冰流速数据与冰厚数据不准确，从而给物质平衡估算带来较大偏差。触地线为冰川动力学研究的重要输入参数，对于触地线动态变化的模拟也是冰川动力学数字建模的重点和难点之一。

目前对于触地线提取方法的研究，主要有实地测量和遥感手段提取，遥感平台和技术的不断发展也使得提取触地线的方法不断发展。对触地线动态变化进行分析，首先要以高精度的触地线提取为基础。

1. 实地测量

GPS 和无线电回波（RES）是常用的两种触地线测量方法。

通过实地布设 GPS 观测点，利用漂浮冰架受到潮汐作用从而产生冰面周期性垂直运动的特征来区分陆地冰和漂浮冰，从而确定触地线位置。1998 年澳大利亚南极考察队布设了两个点，分别进行了长达 3.4 天和 3.8 天的 GPS 定位测量（King et al.，2000），并且王清华等（2002）利用这两个 GPS 点得出垂直方向分量呈现类正弦波曲线的结论，确定触地线位置比这两个点还要向西南。该方法测量精度较高，但是只能得到单点数据，需要大量的野外工作，可以利用此方法来对遥感手段提取的触地线位置进行检验。

RES 获取的数据点包括该点的纬度、经度、冰面高程和冰厚度。结合冰架的剖面表面高程或冰厚的变化规律可以初步得到触地线的位置。虽然该方法测量精度很高，但是观测设备成本昂贵，需要进行大量野外实测工作，在环境恶劣的地区，观测数据的获取难度极大，并且无法在短时间内得到较多的触地线位置。除此以外，RES 信号无法穿透海洋冰的特性也制约了利用 RES 探测冰厚的精度。

2. 卫星遥感测量

利用卫星遥感监测触地线的方法有以下四种。

（1）卫星测高流体静力学法。随着卫星测高等技术的发展，衍生的 DEM 分辨率和精度会不断提高，我们假定漂浮的冰处于流体静力学平衡状态，再结合冰架或者冰川的冰下地形，就可以判断触地线的位置。

（2）光学遥感坡度分析法。Weertman 在 1974 年就指出，冰体脱离冰床开始漂浮时，底部剪应力会突然消失。基于 Weertman 的观点，最简单、最直接的方法就是用表面坡度的突变来确定触地线的位置。坡度对触地线的探测可以分为两种方法：①利用高精度 DEM 生成坡度图，提取触地线；②利用坡度突变在可见光影像中引起的亮度差异提取触地线，但是该方法测量精度较低，因此通常利用测高数据提高光学遥感影像提取触地线的精度。

（3）测高数据的重复轨道分析。利用测高卫星的重复周期来获取地面高程的变化情况。对于每一条重复轨道，高程内插的方法存在差异，但都会得到平均高程面，将每条轨迹的高程值和高程平均值做差求得高程异常值。通过模型改正，剔除不必要的因素对高程结果的影响，最终得到高程变化，可以用于探测触地线区域。

（4）雷达干涉差分测量。不考虑大气及电离层等影响时，采用两轨差分并引入外部 DEM 的方法，可以得到两轨的差分干涉图（differential SAR interferogram，DSI），其中只包括由流冰相位和潮汐相位引起的形变相位，再对两幅 DSI 进行差分可以消除冰流相位的影响，即 DDSI（double-differential SAR interferogram）。内陆接地的固定冰盖是不受潮汐影响的，而浮动的冰架是随着潮汐运动的，因此浮动冰架或冰川和极地冰盖交界处的 DDSI 会产生密集的条纹，而触地线为 DDSI 中密集条纹区域最靠近内陆一侧的分界线，通过跟踪分界线即可进行触地线提取（图 4.9）。

随着遥感平台及技术的不断发展，触地线的提取精度在不断提高，SAR 卫星的不断发展也为触地线的动态变化提供了丰富的数据源，使得高精度、长时间序列监测触地线变得可能，这也是今后研究的重点，同时综合利用多种方法来更好地开展触地线研究也成了趋势。

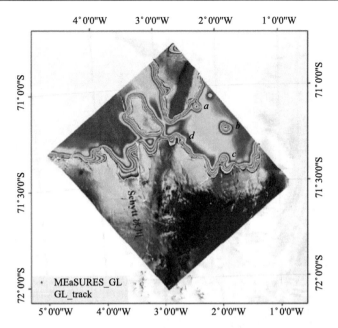

图 4.9　雷达干涉差分测量触地线提取结果（常沛等，2016）

a、b、c、d 四处小岛屿周围的密集条纹靠近内侧的分界线是提取出的触地线

4.2.2　冰面流速和表面特征

　　冰面流速是冰川动态系统中的一个重要参数，极地冰川、冰架流速的精确测量对预测海平面与未来气候变化至关重要。一般而言，冰面流速与下面三个因素有关：冰晶内部塑性形变、冰床滑移和底部基岩形变。虽然对冰架结构和地表特征的分析可以定性描述冰川动力学，但获得定量的速度数据对于理解当今的冰盖动力学至关重要。

　　冰面流速和表面特征的遥感监测方法包括目视追踪法、交叉相关法和干涉雷达法等。目视追踪法是用多时相卫星遥感影像，运用判读两个年份变化后的影像同名点的方法；交叉相关法则是利用遥感影像模式匹配技术，计算同一地区、不同时期的两幅光学影像的相关性，从而实现冰面流速的测量；干涉雷达法是利用差分干涉测量消除地形相位的方法，通过建立雷达视线向位移与真实冰流位移之间的关系，来实现冰流测量的目的。相较于传统的实地测量，遥感观测覆盖范围广、精度较高，且能进行长时间的观测，且 InSAR 观测不受云雨等天气的限制，具有明显的优势。

　　冰架的结构演变被可视化记录在冰架表面特征中，可以准确描绘冰川动力学，从某种程度上可以通过对冰架的结构特征进行提取和监测来对冰架的稳定性进行定性和定量的评估。冰架的表面特征主要包括前缘线、触地线、冰裂隙或裂缝、纵向结构、压力脊、冰面融水、冰漏斗、冰隆或冰褶皱等，各个表面特征在 Landsat 8 ETM+ 全色波段影像中如图 4.10 所示（Holt et al.，2013）。

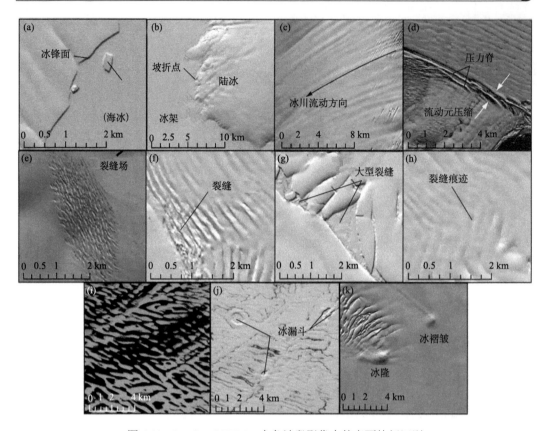

图 4.10　Landsat 8 ETM+ 全色波段影像中的表面特征识别

1. 冰锋面

冰锋面是从冰架急剧转变为开放水域或海冰而形成的垂直面，在图像上表现为明亮或阴暗的亚线性特征（取决于其相对于太阳方位角的方向）[图 4.10（a）]。冰锋面是特定时间段内最大冰架范围的明确指标。提取前缘线的主要方法有目视解译和自动影像分割等，数据主要基于光学和雷达影像镶嵌图。

2. 纵向结构

纵向结构也称流动条纹，与冰川流动方向平行，在图像上表现为明暗相对的延伸特征[图 4.10（c）]。它们在南极周围广泛分布，并且通常存在于"活跃"冰区，但是对其形成的原因了解较少。目前许多基于遥感的分析得到了发展。

3. 压力脊

形成压力脊的情况有很多，但具有代表性的是冰架在纵向或横向压缩下变形的区域。与纵向特征不同，对压力脊结构进行的科学研究很少。在卫星图像中，它们被识别为单个或连续的周围冰面上方的细长阴影脊[图 4.10（d）]。南极冰架上的压力脊被认为是压力和应变率的重要指标，最显著的是沿 GeorgeⅥ冰架的 Alexander 接地带（Reynolds and

Hambrey，1988），同时在 McMurdo 冰架（Collins and McCrae，1985）及部分 Ross 冰架（Kehle，1964）上也发现了类似的特征。

4. 冰裂隙或裂缝

裂隙（crevasse）是由开放的裂缝（fracture）定义的，这些裂隙在表面冰层上形成，并通过冰的运动穿过接地带[图 4.10（e）]。裂缝是指冰架内部原因形成的表面开口[图 4.10（f）]，rifts 代表大型裂缝，明显穿透整个冰架[图 4.10（g）]。大型裂缝往往充满了开阔的水面。这三种裂缝形式都描述了由冰的运动引起的拉应力或剪切应力形成的结构。裂缝痕迹是以前的裂隙或裂缝在表面留下的明显的印记，但没有可见的开口[图 4.10（h）]。

5. 冰面融水

冰面融水与冰架表面周围裸露的冰面或雪面之间的光谱差异使其很容易被识别[图 4.10（i）]，其在遥感影像上表现为黑色区域，其流动方向为冰架表面的倾斜方向，此外，时间序列的地表融水范围变化可以指示气温变化。

6. 冰漏斗

冰漏斗是夏季在南半球形成的充满表面融水的较大的圆形凹陷，可能代表了冰架较脆弱的区域，增大了冰架崩解的潜在可能。事实上，所有的冰漏斗只出现在有融水的地方。一旦形成，冰漏斗的水平尺寸会随着周围冰块的应力和应变速率的变化而变化，并随着纵向或横向的拉伸流动而延长[图 4.10（j）]。

7. 冰隆或冰褶皱

冰隆或冰褶皱是冰架表面的升高部分。冰隆在冰架固定于基岩上的地方，而冰褶皱形成在基岩上仍可能发生冰架运动的地方。这两个表面特征相似，其识别取决于其他冰川表面特征的可见性，如上游的压力脊等[图 4.10（k）]。

4.2.3 崩解速率

在极地地区，冰架崩解指的是，冰架边缘的冰体在重力作用下从整体冰架上崩落的现象。崩解的冰体进入水体后即成为冰山，冰山也可能会进一步崩解形成较小的冰山，冰山主体崩解、脱离也是冰架崩解的一种形式，而崩解速率是用来表示冰架崩解过程快慢的指标，冰架崩解速率是研究冰川变化的一项重要指标。冰架崩解是造成南极冰盖物质损失的主要原因，并且是格陵兰冰原及许多其他冰川和冰盖的物质损失的重要组成部分。了解冰架过去和现在崩解的范围很重要，因为它们的动态变化会引起相应的气候响应，理解冰架崩解过程是准确预测冰冻圈对未来的气候响应及海平面变化的关键。同时冰架崩解会对海洋系统、山地冰川造成影响，因此，从全球环境变化及冰川学和社会相关性的角度来看，理解冰架崩解的相关动态过程至关重要。

近年来，遥感作为一种手段开始应用于冰架崩解的监测，2002 年南极半岛拉森 B 冰架的突然崩解引起了科学家的注意，全南极范围内的冰架崩解监测工作也有开展，美国国家冰雪中心（NIC）和杨百翰大学（BYU）已建立了过去几十年南极圈的崩解冰山数据库，对冰山进行周期为 15~20 天的连续跟踪（刘岩等，2013）。

所有的崩解事件都是压力传播引起裂隙的结果。当预先存在的或新的裂缝充分传播以将块体从主冰川块中隔离出来时，崩解就会发生，然后冰块从冰体上落下或漂浮。冰架崩解可以由崩解造成的面积损失和年崩解损失面积的平均冰厚的乘积计算。Liu 等（2015）提出了崩解的不同特征，并进行了崩解区域的监测。由于冰架向前移动，崩解区域监测需要追踪原始图像（崩解前）和第二张图像（崩解后）的冰架边缘和裂缝位置。在表面崩解情况下[图 4.11（a）]，冰架前部的崩解区域明显可见；在崩解与大规模裂缝相关的情况下[图 4.11（c）]，可以将第二幅图像冰前的表面特征与原始图像中的特征相匹配，从而估计出裂缝位置；在其他崩解情况下（例如图 4.10），其中特征不能被唯一识别，可以通过流线法估计起始冰面的前进。

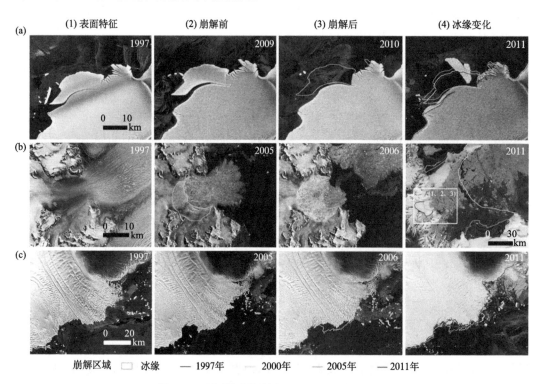

图 4.11　不同的崩解特征（Liu et al.，2015）
同一行的图像比例尺相同

然而，冰架崩解速率通常是在短时间间隔内进行测量并假定冰流速度不变的情况下延长时间进行外推估算的（Short and Gray，2005）。年度冰山崩解速率很少被测量，并且很少有关于崩解速率的时间变异性的研究。崩解速率 U_c 可以通过冰速和终点位置的变化来确定崩解的损失。

目前关于冰架崩解及其崩解速率的研究仍存在一些问题，首先崩解关系主要是基于一些经验性的，崩解与特定的数据集或固定的区域有关，在时间和空间上具有多变性，没有建立普遍适用的"崩解法则"（Benn et al.，2007），但是随着研究的进展，已经对冰架崩解的机制有了了解，并且通过遥感手段将能够对冰架崩解的长时间序列进行监测，空间分辨率影像的应用可以识别更小尺度的崩解时间，同时提高崩解面积的估算精度，多源高分辨率遥感数据的联合运用可以弥补其覆盖周期太长的局限。

4.2.4　冰架底部融化

　　冰架底部的压力大，海水的冻结温度下降，同时也会受温度较高的海水的影响，从而使冰架从底部发生融化，靠近触地线的冰架底部融化最强烈。

　　在南极，快速的底部融化广泛存在于冰盖触地线附近，并且漂浮冰架底部的净融化可能占冰盖消融的 1/3 以上（Rignot and Thomas, 2002）。由于南极大部分海岸线直接或间接与冰架相连，冰架底部的物质通量不仅是南极物质平衡的重要分量，也是改变海洋环流特征和南极底层水形成的重要因素。

　　但是冰架底部通量及冰架底部融化情况是冰盖物质平衡中被了解最少的分量。冰架底部的消融大部分发生在冰下洞穴的最深部分，因此缺少而且很难获得直接的观测量，当前对于冰架底部消融速率与大洋、冰架相互作用的过程的理解不深入，对冰架动力形变特征和稳定性缺乏认识。但是近年来遥感技术，如 InSAR、GPS 及高度计的发展，使得我们确定冰川流速及接地线位置的能力大大提高，并且能获得较为精确的 DEM，Rignot 等（2002）利用 ERS-1/2 雷达测高数据和地面 GPS 等观测数据，建立了 Amery 冰架高精度 DEM，并利用该 DEM 和俄罗斯的冰雪雷达测厚数据首次制作了 Amery 冰架底部海洋冰的分布图，利用合成孔径雷达干涉法等技术得出靠近 Amery 冰架最南端触地线的底部消融为 31～32±5 m/a。Wong 等（1998）利用靠近 Amery 冰架前端的海洋水文学观测资料，估计冰架底部的净消融量为 10.7～21.9 Gt/a。同样利用海洋水文学观测资料或者冰-海耦合模型等都可以得到冰架底部的融化量。

4.2.5　冰面融水

　　冰盖表面消融是冰盖物质平衡的重要组成部分，近年来为冰盖研究的热点。相关研究指出，冰川崩解与冰盖表面消融是造成冰盖物质损失的主要原因，相对于冰山崩解而言，冰盖表面消融引起的冰盖动态响应机制较为复杂，研究起步较晚，IPCC 第四次评估报告并未将其纳入冰盖物质平衡影响分析中。而近年来越来越多的研究指出，冰盖表面消融及其作用机制是分析格陵兰冰盖物质平衡不能回避的重要问题（Alley et al.，2008），van den Broeke 等（2009）指出冰盖表面消融对格陵兰冰盖物质损失的贡献约占 40%；Mernild 等（2009）将冰盖表面消融纳入了格陵兰冰盖物质平衡建模中；Parizek 和 Alley（2004）模拟了不同全球气候变暖模式下表面消融及其对冰盖物质平衡的影响与作用机制。

掌握冰盖表面的融水量，模拟冰盖水文气象条件的消融模型是获取冰盖表面融水量的重要手段。此外融水量会对冰盖水温系统产生直接影响，从而与冰盖水文要素的特征具有良好的对应关系，通过遥感影像监测这些冰盖水文要素特征变化，也能够得到冰盖表面融水信息量。

　　通过遥感影像监测水温要素，也能够得到冰盖表面融水信息。冰面湖作为最容易被识别和提取的水文要素，其数量、面积、深度、体积等是研究中的常见指标。通过遥感影像特征提取方法提取冰面湖，量算面积，统计冰面湖数量、面积随季节、年份、高程、模拟表面径流量等的变化，是估算冰盖表面消融量的重要手段。冰面湖的提取方法包括人工数字化与自动提取方法两类。其中，自动提取方法又可划分为影像分类方法与波段比值方法，如 Box 和 Ski（2007）使用 MODIS 蓝光与红光波段的比值波段，设定阈值，提取冰面湖信息。冰面湖深度的提取主要包括遥感影像反演、实地测量和 DEM 建模三种方法，Bouguet-Lambert-Beer 定律是冰面湖深度反演使用较多的方法，Sneed 和 Hamilton（2007）最早将该方法应用于冰面湖的深度反演，通过对冰面湖底部反射率与冰面湖水体光学衰减特性的假设，利用 Bouguet-Lambert-Beer 定律实现 ASTER 影像的冰面湖深度反演。

4.3　冰　　山

　　冰山是指在冰盖和冰架边缘或冰川末端崩解而进入水体的大块冰体。南极冰盖和格陵兰冰盖是冰山的主要来源区：据估计，仅格陵兰冰盖西侧每年分离出大约 1 万座冰山；南大洋冰山的总量可达 20 万座左右，占全球冰山总量的 93%。受洋流和海风等因素的影响，冰山从高纬度海域逐渐向中低纬度漂移，对过往船只有极大的威胁，例如 1912年泰坦尼克号因撞到冰山沉没。冰山可以按照大小和形状分类。较大型冰山，例如平顶冰山，受到冰山表面融水、底部融水和裂隙破裂的影响，会发生崩解。冰山崩解的机制与冰盖相似，因此大型冰山的演变是研究极地冰盖变化的重要参考和依据。同时冰山融水（淡水）能够促进海冰生成，影响一定范围内的热盐环流，同时为海洋藻类提供繁衍所需的矿物元素。因此冰山的监测和研究不仅有现实的安全意义，也是极地和海洋科学研究的一个热点。

　　遥感技术是冰山监测和研究的重要手段。与传统的飞机巡航、船只航行报告和陆基雷达观测等方法相比，遥感技术具有覆盖范围广和时频高的优势。随着北极航道的开辟和南北极冰山研究的深入，遥感技术在冰山监测中变得越来越重要。光学和红外传感器、雷达和散射计被丹麦气象研究所、NSIDC 国际冰山巡逻队 （IIP）广泛应用于南北极冰山的监测。本节旨在从冰山编目和冰山漂移追踪两个方面来介绍冰山遥感监测的主要技术和方法。我们将在冰山编目中介绍现有的南北极冰山编目体系及其异同，以及冰山遥感监测的主要方法。在冰山漂移追踪中，介绍如何通过遥感影像中冰山的几何特征来监测冰山的漂移。

4.3.1　冰山编目

冰山编目是冰山监测和研究的基础，对于船只的航行安全具有十分重要的意义。国际上被认可的冰山编目有两个：国际冰山巡逻队的冰山编目（简称 IIP 编目，涵盖北大西洋海域）和美国国家海冰中心的冰山编目（简称 NIC 编目，涵盖南极附近海域）。除此之外，还有一些研究机构和组织的冰山编目，例如美国杨百翰大学冰山编目（简称 BYU 编目，涵盖南极附近海域）。南北极冰山编目有一定差异，主要原因是南北极冰山的体积差异和编制编目的目的不同。

1. 现有冰山编目

IIP 编目覆盖大西洋纽芬兰大浅滩附近，为跨大西洋船只提供航行安全保障。IIP 编目根据冰山的大小、冰山形状、冰山报告的时间、冰山的经纬度、冰山所在的方位和冰山报告的方式等对冰山统一进行编码。冰山报告主要通过飞机巡航、船只航行报告和陆基雷达观测等方式获取。从 2017 年开始，IIP 增加了 sentinel 1 的获取方式。出于航行安全的重要性，IIP 编目力求准确和全面，不论冰山大小，只要在航行区域内出现，就必须在列。

NIC 编目和 BYU 编目的覆盖范围都是南极附近海域。NIC 编目是南极附近海域最权威的冰山监测报告，而 BYU 编目是其补充。与 IIP 编目不同，NIC 编目和 BYU 编目只记录平顶冰山：NIC 编目中的冰山，其长度不小于 9.26km（5 海里）；BYU 的冰山长度不小于 5km。这主要是因为 NIC 编目和 BYU 编目侧重于冰山研究而不是航行安全。

NIC 编目主要通过可见光（AVHRR OLS Landsat）和雷达遥感（RADARSAT）卫星数据监测冰山。而 BYU 编目以散射计（ASCAT 和 QuickSCAT 等 ）为主。随着遥感技术的发展和信息的共享，两者在录的冰山数目在逐年接近。从 20 世纪 90 年代开始，NIC 编目逐渐采纳了 BYU 提供的散射计数据。BYU 编目也增加了雷达和微波辐射计的数据。

2. 冰山遥感监测

冰山由冰川分裂而成，因此冰山表面的反射率类似于冰川。在近红外波段，冰山表面、海冰和海面之间的反射率存在显著差异。而在微波波段，冰山表面的粗糙度、冰晶大小和孔隙度决定了其后向散射系数较海水和海冰大。因此，可见光和近红外传感器、散射计、单极化雷达和交叉极化雷达都可以用来监测冰山。冰山遥感探测方法是根据冰山反照率或者后向散射系数的特征来探测冰山。其主要方法有目视解译和恒虚警率（constant false alarm rate，CFAR）。

遥感数据的目视解译是冰山监测中最重要的也是最准确的方法，被 IIP 编目和 NIC 编目采纳。冰山的目视解译不仅需要根据反射率或者反照率来确定冰山，还需要根据洋流、海冰及冰架或者冰川的特征来确定某一块冰山是由较大冰山还是由冰架崩解而成，从而正确对其进行编码。

CFAR 算法被广泛用于 SAR 影像数据的冰山探测。CFAR 算法根据中心区域和其周

围区域后向散射的差异来确定冰山（Gill, 2001）:

$$\frac{\dfrac{\overline{I_t}}{\overline{I_B}}-1}{\sqrt{V_B}}>t \tag{4.8}$$

式中，$\overline{I_t}$ 是中心区域的平均后向散射系数；$\overline{I_B}$ 是其周围区域的后向散射系数；V_B 是周围区域后向散射的方差；t 是阈值。中心区域和周围区域之间有一个保护区域，用来区隔冰山边界对遥感探测的影响。CFAR 算法的核心是：①如何合理而快速地确定中心区域、保护区域和周围区域的范围，从而减少运算量和探测误差；②如何确定阈值。CFAR算法主要用于南极大型平顶冰山的探测，在冰山聚集区域和冰山离冰架不远时，其保护区域范围较难合理判定。阈值主要由冰山周围区域后向散射系数决定。周围区域的覆盖类型（例如海冰与海水）和气象条件都会影响阈值的取值。

4.3.2　漂移追踪

根据冰山的范围、面积和旋转角度，可以在遥感影像的时间序列中确定每一个冰山的位置，从而对冰山进行追踪。

1. 冰山中心点位置、范围和面积

冰山中心点位置和面积是通过对后向散射系数建立等廓线来确定的。根据冰山内部每个点的后向散射系数与平均值之间的差值，结合阈值法、图像侵蚀和夸张算法确定冰山边界，然后计算每个点的 Mahalanobis 距离来建立等廓线。采用 Apodization window 算法计算像元离中心点的距离和像元的权重，根据权重和等廓线的分布来确定相邻冰山的范围，从而确定每个冰山的面积。

2. 冰山旋转

冰山会随着洋流运动，冰山受到湍流的影响会发生旋转。仅利用冰山的面积和范围还不足以追踪冰山，因此冰山旋转的角度也是冰山漂移追踪的一个重要变量。首先根据冰山的等廓线建立最符合其大小的椭圆函数，如下所示（Fitzgibbon et al., 1999）:

$$[x,y]\begin{bmatrix} A & \dfrac{B}{2} \\ \dfrac{B}{2} & C \end{bmatrix}\begin{bmatrix} x \\ y \end{bmatrix}+[D,E]\begin{bmatrix} x \\ y \end{bmatrix}+F=0 \tag{4.9}$$

式中，A、B、C 是方程的系数。利用主向量分解算法获取椭圆的旋转矩阵:

$$\begin{bmatrix} A & \dfrac{B}{2} \\ \dfrac{B}{2} & C \end{bmatrix}=\begin{bmatrix} c & -s \\ s & c \end{bmatrix}\begin{bmatrix} \lambda_1 & 0 \\ 0 & \lambda_2 \end{bmatrix}\begin{bmatrix} c & -s \\ s & c \end{bmatrix} \tag{4.10}$$

式中，c、s 是旋转矩阵中的值；λ_1 和 λ_2 是第一个主向量和第二个主向量。根据旋转矩阵

计算椭圆的旋转角度：

$$\rho = \tan^{-1}\frac{c}{s}$$

（4.11）

思　考　题

1. 光学遥感监测海冰的核心原理是什么？
2. 被动微波遥感监测海冰的核心原理是什么？
3. 主动微波遥感监测海冰的核心原理是什么？

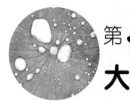

第5章
大气冰冻圈遥感

胡斯勒图　尚华哲　姬大彬

大气冰冻圈遥感围绕冰冻圈冰云、过冷水云、降雪和冰雹云等要素的遥感探测技术展开。本章内容包括冰云的遥感反演原理和流程，以及过冷水云、降雪和冰雹云的识别原理和方法等。

5.1　冰晶和过冷水云

5.1.1　冰晶

1. 冰晶微物理和散射特性

冰晶是水汽在冰核上凝华增长而形成的固态水体。图 5.1 给出了常见的冰晶粒子形状。冰晶粒子形状主要有六棱柱形、平板形、子弹玫瑰花形、过冷水滴形、聚合物状等（Husi et al., 2016）。冰云中的冰晶之间可发生碰撞、聚集等过程，因此自然环境下观测到的冰晶形状往往还包括各种上述基本形状的结合体。

六棱柱形　　　　平板形　　　　子弹玫瑰花形　　　过冷水滴形　　　　聚合物状

图 5.1　不同形状的冰晶粒子（Husi et al.，　2016）

冰晶光散射特性的准确计算对冰云辐射特性的模拟及冰云光学和微物理参数的遥感反演具有重要意义。冰云参数的遥感反演中，利用计算好的冰晶光散射特性数据，结合辐射传输模式构建云参数反演查找表，进而根据卫星观测资料反演冰云光学和微物理参数。球形冰晶的光散射特性可以用精确的洛伦茨-米散射理论来解释。然而，对于大气中多种尺度和形状的非球形冰晶，目前还没有一种特定的方法能够精确计算与非球形冰晶有关的所有散射特性。为了尽可能找到通用的解决办法，这里把几何光学法（GOM）和有限差分时域法（FDTD）结合起来，给出一种冰晶光散射的统一理论。

GOM 方法的原理是基本电磁学理论的渐进近似。对于尺度远大于入射电磁波波长的目标光散射计算是有效的。该方法已经用来识别发生在大气中的光学现象，如晕、弧光和虹。另外，它还是当前解决较大非球形粒子光散射的有效方法。不过，GOM 方法仍具有一些缺点，如用于几何光线追迹的夫琅禾费衍射公式不能解释电磁场的矢量性质，且由光线追迹进行的远场直接计算将产生散射能量的不连续分布等。为了避免常规几何光学的缺点，改进的几何光学法（IGOM）应运而生，在粒子平面上几何光线追迹确定的能量被收集起来，并按照精确的固有几何光线追迹将其映射到远场。用 FDTD 方法可以精确计算小冰晶的光散射特性。该方法是麦克斯韦旋度方程组的一种直观形式，目的是求解电磁波在包含着散射体的有限空间内的时间变化。

2. 冰云参数遥感反演

由各种形状的冰晶粒子组成的冰云对全球辐射平衡和气候变化有重要的影响，其影响程度取决于冰云本身的微物理特性和光学特性，如冰晶的大小、冰云光学厚度和云顶温度等。

双波段法是基于被动卫星遥感云参数反演的主流算法，可同时反演云光学厚度和粒子有效半径。其主要原理为：在可见光波段（如中心波长为 0.64 μm 或 0.86 μm 附近），卫星传感器接收到的云反射信号主要对云光学厚度敏感；在近红外波段（如中心波长为 1.6 μm、2.2 μm、3.7μm 附近），卫星传感器接收到的云反射信号主要对云粒子有效半径的变化敏感。根据此原理，结合辐射传输模式构建云参数反演查找表（LUT）并构建反演算法，根据卫星观测资料反演冰云光学厚度和粒子有效半径。

图 5.2 显示了利用 Voronoi 冰晶散射模型和辐射传输模式计算卫星可见光和近红外波段的反射率，构建冰云参数反演 LUT 的原理。不同光学厚度和粒子有效半径的冰云在

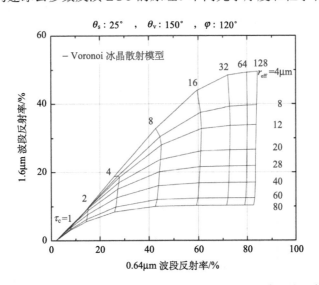

图 5.2　卫星观测的可见光波段和短波红外波段反射率与冰云光学厚度和粒子有效半径的关系图

θ_s：太阳天顶角；θ_v：卫星观测角；φ：相位角；τ_c：冰云光学厚度；r_{eff}：粒子有效半径

可见光和近红外波段的反射率有明显的差别。因此，利用构建好的 LUT，根据从卫星资料中获取的可见光和近红外波段的反射率数据，反演冰云光学厚度和粒子有效半径。图5.3 给出了使用 Voronoi 冰晶散射模型反演得到的 MODIS 云相态和云光学厚度。

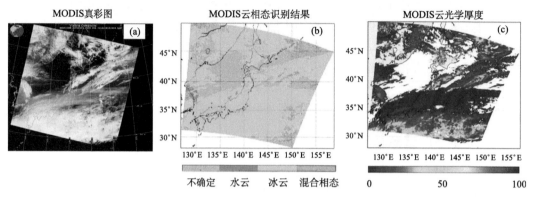

图 5.3　MODIS 冰云识别结果和冰云光学厚度

5.1.2　过冷水云的遥感识别

1. 过冷水云遥感原理

目前，过冷水云的遥感识别主要利用阈值法来获取云高及其空间分布。阈值的设计主要基于过冷水云自身信号背后的云微物理特征。过冷水云冻结成冰晶分为无凝结核的均相冻结和依赖凝结核的异相冻结两种机制，是否是均相冻结取决于其自身的体积和温度（显著核化速率）。从高温（T_0）降温至几乎所有水滴冻结（冻结比例 $F = 99.99\%$），单位容积核化速率 $J_i(T)$、瞬时温度 T、冷却速率 γ_c 和液滴体积 V_d 的关系如下（图5.4）：

$$\int_{T_{99.99\%}}^{T_0} J_i(T)\mathrm{d}T = 9.21\frac{\gamma_c}{V_d} \tag{5.1}$$

纯净云滴直径一般为 $10\sim20\mu m$，由式（5.1）得出均相冻结温度约为-38℃，常作为过冷水云遥感识别的指标。

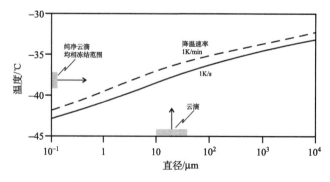

图 5.4　纯净云滴均相冻结温度随云滴直径的变化关系

云滴异相冻结机制是遥感识别混合相态云中过冷水云的物理基础。部分气溶胶粒子充当冰核（IN），使得云滴在温度超过纯净云滴均相冻结温度时仍可结冰。过冷水云滴团簇经历一系列异相冻结机制，呈现一个复杂的冻结阈值温度。

过冷水云遥感识别一般采用雷达观测、主动航空航天遥感观测等方法收集探测资料，但容易受到飞机积冰灾害及有限时空范围的约束。随着遥感技术的发展，多源卫星观测范围覆盖全球，为大面积区域连续识别过冷水云提供了机遇。

2. 过冷水云遥感探测

1）过冷水云雷达遥感

过冷水云雷达遥感主要利用过冷水云滴后向散射较强的物理特性。存在一种通过对后向散射系数积分识别光学厚度大于 0.7 的过冷水云的方法，具体为，确定后向散射系数 β 最大值对应的高度，经由"候选"液水层计算后向散射积分 γ_ω，定义为

$$\gamma_\omega = \int_{z_1}^{z_2} \beta \mathrm{d}z \tag{5.2}$$

式中，z_1 较 β 最大值对应的高度低 100m；z_2 较之高 200m。消光系数 α 为 $\mathrm{d}\tau / \mathrm{d}z$，假设消光后向散射比 $k = \alpha / \beta$ 为常数，可改写式（5.2）为

$$\gamma_\omega = \frac{1}{k} \int_{\tau_1}^{\tau_1+\tau_\omega} \mathrm{e}^{-2\eta\tau} \mathrm{d}\tau = \frac{1}{2\eta k} \mathrm{e}^{-2\eta\tau_1} \left(1 - \mathrm{e}^{-2\eta\tau_\omega} \right) \tag{5.3}$$

式中，τ_ω 为候选液水层的光学厚度；τ_1 为从地表到 z_1 的大气光学厚度。根据经验推算 γ_ω 在光学厚度较大的液水层大约为 0.038s/r。

该算法确定的过冷水云光学厚度 τ_ω 大于 0.7。超过一半的辐射为云层散射，若假设 $\tau_1 \approx 0$，对应式（5.3）条件的相应云层可以使用 $\gamma_\omega > 0.024$s/r 进行识别。

使用航空雷达技术实验（LITE）的高后向散射廓线能够区分冰云和下层过冷水云，但高层的冰云使后向散射系数衰减，造成低层过冷水云出现频率的轻微低估。

综合利用云雷达和红外探路卫星观测（CALIPSO）云高观测结果及 GOES-5 模式温度廓线分析过冷水云分布与云顶温度的关系，以双曲函数的方式表达如下：

$$f(T) = \frac{1}{1 + \mathrm{e}^{-p(T)}} \tag{5.4}$$

设 $p(T)$ 为 $f(T)$ 与云中层温度的多项式拟合函数。基于最小二乘法，得到云中层温度 $p(T_{\mathrm{mid}})$ 的定义为

$$p(T_{\mathrm{mid}}) = 5.3608 + 0.4025T_{\mathrm{mid}} + 0.08387T_{\mathrm{mid}}^2 + 0.007182T_{\mathrm{mid}}^2 + 2.39 \times 10^{-4} T_{\mathrm{mid}}^4 + 2.87 \times 10^{-6} T_{\mathrm{mid}}^4 \tag{5.5}$$

该算法得到的过冷水云分布与云中层温度的关系呈现出较小的季节差异。过冷水云雷达遥感在获得大气垂直结构云相态方面具有良好性能，但在获取过冷水云水平分布信息方面有着观测范围狭窄的缺点。

2）过冷水云光学遥感

根据均相冻结和异相冻结的物理过程，目前利用被动遥感卫星识别过冷水云主要使

用云相态、云顶温度等指标。–19～–21℃是大水滴达到均相冻结条件的临界温度，表征缓慢的上升气流过程不足以维持液滴过饱和状态；液相至冰相在 8km 高度的过渡温度为 –20℃。另外，在–38℃的绝热液态环境中，云滴有效半径约为 20μm，在此过冷条件下未检测到半径大于 50μm 的粒子。液滴半径需要较长时间才能增长至 50μm，以启动碰撞–合并增长过程。过冷水云分布对云滴有效半径敏感，可以基于不同云相态区域云滴有效半径和云顶温度的特性分析，设计过冷水云识别算法。

表5.1给出了基于MODIS数据获取的过冷水云分布频率与云微物理和热力学性质的关系。

表 5.1 MODIS 过冷水云识别输入参数

参数	阈值
云光学厚度（COD）最小值	1
湿绝热递减率	6℃ / km
云厚度最大值	见式（5.6）和式（5.7）
云顶温度（CTT）最大值	275K
云底高度最小值	500m
过冷水云温度最大值	273K
过冷水云温度最小值	233K
大气尺度高度	7.6km

其中，ΔZ 与 COD 和 CTT 的关系为

$$\Delta Z = 7.2 - \left(0.024 \times \text{CTT}\right) + \left(0.95 \times \ln \text{COD}\right), \quad \text{CTT}<245\text{K} \tag{5.6}$$

$$\Delta Z = 0.85 \times \ln \text{COD}, \quad \text{CTT} > 275\text{K} \tag{5.7}$$

当245K < CTT < 275K 时，ΔZ 为 245K 与 275K 之间结果的线性内插。

GOES-8卫星提供的云参数产品将温度位于 233K 和 273K 的液态云识别成过冷水云。NASA飞行观测数据验证显示当冰云比例不足 5%时，95%的过冷水能够被卫星算法识别。2016 年发射的地球环境卫星-R 系列（GOES-R）将 11μm 通道云顶温度位于 170.0 K 和 273.16 K 之间的不透明云识别为过冷水云。

Himawari-8 静止卫星搭载的多光谱成像仪（AHI）以 10 分钟的时间分辨率进行全盘观测。云参数产品包括云滴有效半径、云顶温度、云相态等，使得利用云参数产品高频率、大范围检测过冷水云成为可能。

最近的研究表明，过冷水的分布对云滴有效半径敏感，且过冷水可能存在于卫星识别的混合相态云中。基于过冷水滴冻结机制，可以分析不同云相态区域云滴有效半径和云顶温度的特性，进一步设计过冷水云遥感识别算法。值得注意的是，以往的研究，包括 GOES-R 卫星官方算法在内，在识别过冷水云时均没有引入云滴有效半径。对不同相态云滴有效半径进行统计分析，综合利用云相态、云顶温度、云滴有效半径进行过冷水云检测（图 5.5），可降低将冰云误判为过冷水云的可能性（Wang et al.，2019）。

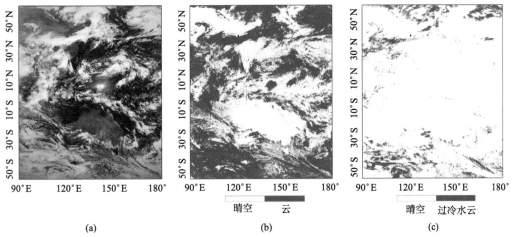

图 5.5　Himawari-8 静止卫星真彩色影像（a）、Himawari-8 卫星官方云识别产品（b）及针对 Himawari-8
卫星开发的过冷水云识别产品（c）（2017 年 8 月 28 日 11 时）（Wang et al.，2019）

5.2　降　　雪

5.2.1　降雪形成

降雪可分为层状云降雪和对流性降雪。当气流的垂直速率小于冰晶或雪花的垂直速率时会形成层状云降雪，其主要形成过程即过饱和状态的冰晶下落，并在一定高度和温度时发生聚集，形成直径较大、形状不规则的雪花。对流性降雪与层状云降雪不同，其雪花的形成远快于层状云降雪。上升气流中的较大冰晶与液态水滴不断结合而增大，是对流性降雪形成的主要形式。

5.2.2　降雪遥感监测现状

监测降雪的星载传感器可分为被动和主动两种模式，被动传感器中，高频微波辐射计及其他被动微波传感器已被较广泛地用于降雪反演。美国国家海洋与大气局（National Oceanic and Atmospheric Administration, NOAA）基于卫星辐射计设计一系列降雪反演算法，如使用微波湿度探测仪（SSM / T2）监测格陵兰、冰岛和挪威海上空的降雪。1999年研究人员利用机载微波辐射计（AMR）对日本区域海面上空的降雪进行了观测和雪量估算。近年来已发展出多种星载高频被动微波传感器，如先进微波探测单元（AMSU-B）、微波湿度探测仪（MHS）、先进技术微波探测仪（ATMS）、特殊传感器微波成像仪探测器及全球降水任务（GPM）微波成像仪，以上这些探测技术的发展为降雪监测提供了较好的空间和时间分辨率。2006 年 4 月，搭载在 CloudSat 卫星上的 CPR 为降雪遥感监测提供了水平和垂直降雪分布的主动监测模式，利用 CPR 的高灵敏度特性可较好地研究降雪频率和强度。

降雪遥感反演的难点主要为：①针对雪花的多理想模型[六角棱柱（hexagonal column，HC）、六角平板（hexagonal plate，HP）、扇形板（sector plate，SP）、平面花瓣状、立体花瓣和聚合体]，难以采用等效球理论计算雪花的电磁波特性；②雪云的微波辐射干扰降雪信号，干扰值的定量化增强反演的难度；③冰云廓线的复杂性；④地表覆盖的积雪和冰面影响降雪信号监测。

5.2.3 遥感监测基本原理

当降雪量达到一定程度时，空中的冰粒子数量很大，冰粒子的散射作用掩盖了地表和近地面大气的上行辐射，从而导致该降雪区域亮度温度降低。研究发现，在利用星载微波辐射计探测降雪时，降雪区域内 89GHz 通道的亮度温度相较于相邻晴空区域下降 15K，而 150GHz 通道的亮度温度温差可达 50K。当降雪量较少时，雪云中的液态水占主导地位，其微波辐射能够增强降雪区域的亮度温度，遥感可通过提取其变化信息反演降雪率等参数。

5.2.4 典型遥感监测方法及案例

1. 被动微波观测

利用被动微波监测降雪有两种模型，一种为经验模型，另一种为物理模型。经验模型是根据地面雷达和气象资料，以及降雪区域的亮度温度低于相邻晴朗区域亮度温度的特征，通过确定 TB 的经验阈值反演降雪信息。2003 年有研究人员利用 AMSU 在降雨率遥感算法的基础上增加了降雪监测算法。在无雨情况下，当亮度温度 TB176 和 TB180 下降到 255K 以下，并且 53.6 GHz（TB54）处的临边校正亮度温度高于 245K 时，识别出降雪，并通过应用以下条件消除一定的降雪反演信息的误差：TB176–TB180≤–20K 或 TB150–TB180≤– 40 K。2015 年有研究人员使用 AMSU 和 MHS 数据将降雪率和冰水路径（ice water path，IWP）联系起来，并将反演的 IWP 与美国下一代天气雷达（NEXRAD）的雷达数据进行匹配，提高降雪反演的精度。以上两种算法都能识别降雪事件，但在一定程度上会造成降雪信息的低估或遗漏。

物理模型是基于一定的物理原理，从遥感数据中解译出降雪的物理参数。当用卫星传感器对降雪进行观测时，常受到雪云的遮盖和干扰。因此，需要构建雪云模型，从卫星信号中去除雪云信息的影响。较多的研究实验显示 150GHz 通道能够较好地监测降雪事件。2004 年研究人员基于 150GHz 通道构建雪云参数模型，估算并反演了多重降雪参数，如雪水含量、雪颗粒有效粒径、过冷水和水汽分布及含量。结合使用第五代中尺度数值预报模式 MM5 和辐射传输模型计算降雪参数。由于卫星自身的限制和辐射传输模型的复杂性，物理模型的方法有待进一步深化。

2. 空间雷达观测

2013 年有研究人员利用 CloudSat 雷达高频微波观测系统开发降雪检测统计方法。为捕捉亮度的主要变化并降低自变量的维数，此检测算法使用经验正交函数（EOF）分析得到前 3 个主成分中所包含的信息，其能够捕获约 99% 的亮度温度的总变化，并利用 CloudSat 雷达训练建立的查找表观测降雪。该方法已通过案例研究和平均水平降雪分布图得到验证。验证结果表明，该算法在识别降雪地区，甚至多山地区降雪方面具有明显的效果。其他空间雷达的降雪观测方法还包括基于地表气温的降雪阈值法和基于雷达反射率的降雪观测法。

3. 被动微波、空间雷达协同观测

降雪的监测涉及地表发射率、云中液态水及雪花的非球形冰散射的多重复杂性，基于物理的降雪观测和参数反演算法面临诸多挑战。针对此问题，2008 年研究人员提出基于多源数据的降雪观测法。该算法利用同一时间 CloudSat CPR 和 NOAA AMSU-B / MHS 的观测结果，以 CloudSat 雷达观测值作为"真值"训练算法，并以 AMSU-B / MHS 的观测值作为输入。算法引入经验正交函数（EOF）分析以减少自变量的维数并保留多通道亮度温度信息。该算法任务目标是提取 MHS 多通道亮度温度所包含的陆地降雪特征，并将其转换为降雪率。一种转换方法是基于 5 个通道建立一个亮度温度组合，这种通道组合对降雪亮度温度变化最敏感，而对其他地球物理参数（如地表发射率、大气水汽等）的变化不敏感。第二种方法是将亮度温度变化中的主要成分与 CloudSat 的降雪观测结果相关联，使用 EOF 经验正交函数评估主要的亮度温度的变量。然而，如何配置波段组合，以及是否会有这种波段组合，目前尚未得到进一步的研究。

5.3　冰雹与霰

冰雹与霰都是大气冰冻圈的组成部分，冰雹形成于强对流云中，而霰则产生于扰动强烈的云中。根据雹云的光谱和雷达回波特征，可以建立遥感的冰雹监测和预警模型，能够有效减少降雹造成的损失。本节主要分析冰雹的特征、冰雹云的光谱特征及遥感监测手段。

5.3.1　冰雹云的光谱特征

冰雹云具有较高的反射率和较低的温度，与大多数其他天气现象有明显不同，了解雹云的光谱特征有助于提升雹云的识别准确度，为冰雹天气的监测预报提供科学依据。冰雹云和其他云在可见光、短波红外波段、中红外反射率的光谱特征表现方面有所差异，如冰雹云在可见光波段（0.65μm）的反射率一般在 0.8～0.95，在短波红外波段（1.64μm）和中红外波段（3.75μm）的反射率一般小于 0.26。与强对流云相比，雹云在中红外波段（3.75μm）和热红外波段（11μm、12μm）的亮度温度相对较低，基本变化在 255～265K，

而强对流云的亮度温度可高达 300K。雹云在热红外波段（11μm、12μm）的亮度温度基本在 220～245K，对流云的亮度温度一般在 240K 以上。以上雹云的光谱特征，以及其雷达回波特征，为准确识别雹云提供了参考依据。

5.3.2　冰雹的遥感探测

冰雹是云-降水过程极端发展的产物，只关注云参数的可以不深究雨雪（降水粒子群）参数，关注云-降水参数的可以不深究冰雹粒子参数，但是对冰雹进行研究则必须关注整个云-降水-冰雹过程。冰雹的形成是水凝物粒子群演化发展的顶端，出现概率小，占据空间窄，观测并了解它的实况及演变较为困难。虽然有多种手段对冰雹进行观测，但只能模糊洞察"蛛丝马迹"。

传统的冰雹云的识别方法主要是通过闪电雷声、风向、云的颜色、云的外形、云的运动等特征识别雹云，随着探测技术和计算机水平的不断发展，对冰雹云的识别和结构的研究也在不断提高，新一代气象卫星和雷达等多源探测手段能提高对冰雹云的识别的能力，为人工影响天气作业选取准确的时机和位置提供了有利的工具。这些冰雹云的遥感探测方法主要包括卫星云图识别法、闪电定位系统识别法、气象雷达识别法等。

1. 卫星云图识别法

自 20 世纪 80 年代初以来，气象卫星云图在各种尺度天气学分析与预报中得到了应用，尤其是使用时空分辨率较高的静止气象卫星（GMS）云图监测生命史短、变化快的中小尺度云系的演变过程。卫星云图不仅能直观表现云系外貌形态、演变特征，人们通过分析还可以较好地确定雹云源地、存在形式、移动方向路径、强度及发展趋势。气象卫星识别冰雹云主要是通过分析卫星云图的结构形式、范围、边界形状、色调、暗影（可见光云图特有）和纹理等特征，从而得出云体的类型、水平尺度、边界形状、相对高度和厚度等，进而识别冰雹云并给出冰雹云的空间分布状况和强度。卫星云图上强对流云的形态特征显著，较易识别。它们以积云单体、积云团、积云线和积云变稠密区形式存在。①积云单体：在某一个较大范围地区仅有几个米粒一样的云块，形态匀称，色泽光滑。②积云团：有无数个大小不等的积云单体聚集在一个较大地区范围内。③积云线：一般为东西向或南北向的条状云带，宽度一般为十几千米，而长度可达几百千米。④积云变稠密区：这类云一日中出现在约 16 时后，积云单体、积云线、积云团是在同一个天气系统条件下发展形成的，稠密区一般是各种云系相互间靠近，其顶部冰云部分相互合并、联结所形成的。

2. 闪电定位系统识别法

冰雹云的产生和发展过程中伴随着显著的能量变化，突出表现为出现大量闪电，伴随着强烈的雷电活动，闪电频数急剧增加。使用闪电定位系统监测闪电活动可以识别和定位冰雹云。冰雹云的闪电频数和雷声的频谱均明显有别于非雹云，闪电和雷声信号易于采集和处理，利用冰雹云闪电和雷声的特点实现冰雹云的空间定位理论上是可行的。

研究表明，对流性降水和闪电呈正相关，不稳定能量在附近大量聚集可作为冰雹出现的预警信号。我国在 20 世纪 70 年代就曾广泛使用闪电计数器检测冰雹云的发生。但由于闪电计数器不能测定闪电源空间位置、闪电极性和强度等，研究曾一度减少。近年来随着闪电定位仪的出现，用多个闪电定位仪组成的闪电定位系统可以有效地监测闪电的频数、位置。闪电定位系统依靠闪电频数识别冰雹云，会受到闪电频数地区差异的限制，因此往往无法区分弱冰雹云和雷雨云。

3. 气象雷达识别法

目前，雷达是探测冰雹云的一种极为有效的工具。气象雷达可以定量地观测到云的高度、水平位置、厚度、雷达回波强度及反射截面等特征量，可以连续地监视云的移动及其结构变化，以此做出准确的冰雹预报，例如从雷达回波图像中提取颜色特征和纹理特征，构造出识别冰雹与暴雨和超折射的关联规则，建立基于图像挖掘的冰雹回波集成预报模型，从而实现冰雹的预测。冰雹云的雷达回波特征有其共性，表现为：强度特别高，回波顶高度高，上升气流特别强。针对冰雹云雷达回波的特性，早期的研究人员提出了很多不同的识别预警方法，这些方法可大致分为三类：①定性的回波形态识别法。预报员通过目视检测回波形态并做出判读，这类方法需要预报员具有较高的冰雹回波识别能力，带有很大的主观性。②雷达回波参数识别法。对回波图中多种冰雹预警参数赋予权重并使其相加，以及对得到的总值进行判断，如果总值超过阈值，则预报为冰雹，但该方法仅从回波参数的角度进行判断，实际中影响冰雹的因素有很多，如地形、风场等，这些重要的因素并没有在该方法中体现，因此，这种方法在实际应用时也存在很多误报的情况。③综合指标法。该方法是前两种方法的综合。该方法虽能在一定程度上提高冰雹预警的准确率，但是也需要预报员具有一定的冰雹回波识别能力，同样存在很大的主观性。目前，雷达识别冰雹云的方法向着雷达的多参量化（双偏振雷达、多普勒雷达）发展。用双偏振雷达和多普勒雷达不仅可以获取常规雷达所能获取的雹云相关信息，还能获取云内粒子的相态和气流结构等信息。这些信息在雹云的识别方面更有价值。

思　考　题

1. 降雪的被动微波遥感反演和主动微波遥感反演的优点和缺点是什么？
2. 冰云遥感反演受哪些因素的影响？

第6章
冰冻圈数据同化与冰冻圈信息系统

李新　黄春林　王亮绪

数据同化是在动态模型中融合观测数据，从而改善状态变量估算的方法。冰冻圈数据同化使得多源冰冻圈遥感数据更好地服务于大陆或全球尺度的季节性气候预测。冰冻圈信息系统为冰冻圈数据的储存、管理、分析、运算和显示等提供了有效的技术支撑。

本章首先介绍多源遥感数据同化在冰冻圈研究中的应用，重点关注冻土活动层、积雪和海冰遥感数据同化的研究进展。其次，本章从冰冻圈数据共享和冰冻圈遥感产品两个方面介绍了冰冻圈信息系统的研究进展。

6.1　数据同化的原理

遥感观测和模型模拟是地表系统科学研究的两种主要手段，两者拥有的优势不同，并存在着一定的互补性，数据同化为两者的融合提供了一种有效的途径。数据同化起源于数值天气预报，是为了给数值天气预报提供一个准确的初始场，故而在模型中"融入"了具有一定精度的观测信息。近些年来，数据同化技术已经逐步应用于海洋、水文、陆面等领域，并且向农作物生长、污染物积累等新领域发展。从本质上说，数据同化将不同来源、不同分辨率的观测数据直接或通过观测算子间接映射到动力模型的演进空间内，同时权衡模型和观测的不确定性，以减小数据同化系统的误差，并纠正预报模型的运行轨迹，从而对模型的关键状态变量进行更加真实的模拟与预报（李新等，2007；李新和摆玉龙，2010）（图6.1）。

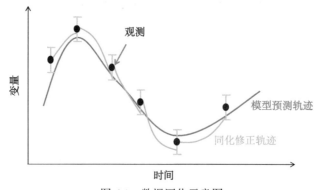

图 6.1　数据同化示意图

6.2 冰冻圈遥感数据同化

以冰冻圈遥感数据为主要数据源的多源遥感数据同化应用研究在不断发展中，主要包括以下几个方面。

6.2.1 冻土活动层遥感数据同化

遥感技术为监测区域尺度的地表冻融循环提供了可行的技术手段，其中主要的观测方式是微波遥感。微波遥感具有全天时、全天候、穿透能力强的特点，此外，它对土壤中的水分含量及其相变非常敏感。这是由于水在常温时介电常数为 80 左右，干土仅为 3.5，而冰只有 3.15，因此会呈现出不同的微波辐射特性。由于体散射的作用，冻土的有效穿透深度较大，从而其在微波波段比融土透明。目前，利用被动微波数据监测地表冻融状态的方法中较为理想的指标是 37GHz 亮度温度和 18GHz/19GHz 与 37GHz 间的负亮度温度谱梯度（Zuerndorfer and England，1992）。随着 SMMR、SSM/I、AMSR-E、SMAP 等卫星的相继升空，被动微波遥感为研究冻土的水热状况及气候响应提供了长时序的观测资料。一般而言，在冻土区冬季与夏季的同化侧重点有所不同，主要体现在：①冬季，降水量很小，且土壤水分多以固态形式存在，土壤导水率极低，导致各层土壤间水分迁移量很少，相关性较弱；加之没有可靠的未冻水观测数据用来进行同化，而土壤温度是决定冻土中水分相变的主要因素，因此冬季同化的变量可选择土壤温度；②夏季，活动层温度升高，土壤融化，加之夏季降水增多，直接影响土壤含水量；此时土壤含水量的变化直接影响土壤热容、热导等参数，从而影响土壤温度的计算，因此夏季同化的变量可选择土壤湿度。

图 6.2 为冻土活动层遥感数据同化框架。其中，陆面过程模型（SHAW）为整个同化系统提供了一个具有物理基础的动力学框架，通过时间向前积分运算获得温度、含水（冰）量等状态变量的预测值；观测算子（AIEM+LSP/R）用于将陆面过程模型输出的预测值通过微波辐射传输正向模型转化为遥感可观测量，即亮度温度；同化算法集合卡尔曼滤波（EnKF）利用观测算子获得模拟值与遥感实际观测量之间的差异，以及模型和观测误差的相对权重，实现模型模拟和遥感观测信息的融合，获得优化后的状态变量分析值，并对下一时刻 SHAW 的状态变量初场进行更新；数据包括作为陆面过程模型边界条件的大气驱动数据、模型运行所需的地表参数，以及用于同化的土壤湿度和温度廓线观测数据及微波亮度温度数据。图 6.3 为同化 SSM/I 亮度温度数据（19GHz）的各层土壤温度结果。同化 SSM/I 19GHz 亮度温度后，各层土壤温度 RMSE 平均减小 0.76K，总体精度有所改善（Jin et al., 2009）。

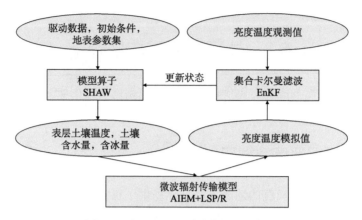

图 6.2　冻土活动层遥感数据同化框架

6.2.2　积雪遥感数据同化

积雪相关遥感产品主要分为两大类：积雪面积，主要由可见光、近红外波段传感器获取，其特点为空间分辨率较高；雪水当量，主要由微波传感器获取，其特点为全天时、全天候成像。已有研究指出，雪水当量反演产品对于薄的积雪层并不敏感（雪水当量<10mm），而对过厚的积雪层则呈现出饱和状态（雪水当量>200mm）。由于两种类型数据有各自的特点，在利用多源遥感信息进行积雪同化时既可选用多种传感器同类型的积雪产品（如 ETM+、MODIS、AVHRR 等的积雪面积产品）联合同化的方式，又可选用多种传感器不同类型的积雪产品（如 MODIS 的积雪面积产品及 AMSR-E 的雪水当量产品）联合同化的方式。值得注意的是，在积雪同化中，当观测数据为积雪面积产品时，需要利用雪深插值曲线建立积雪面积与雪水当量的关系。而当同化直接遥感观测数据（例如可见光遥感的反射率、SAR 的后向散射系数、被动微波遥感的亮度温度等）时，就需要引入积雪的辐射传输模型。

图 6.4 为基于集合卡尔曼滤波的积雪辐射数据同化框架。在该框架中，利用陆面过程模型实现积雪变量（雪深、雪层温度、雪层含水量、积雪粒径等）的集合预报；利用观测算子（积雪微波辐射传输模型，MEMELS）实现陆面过程模型输出的积雪变量预测值转化为遥感可观测量（多频微波亮度温度）；利用同化算法（集合卡尔曼滤波）实现积雪模拟变量和遥感观测信息的融合，获得优化后的积雪状态变量分析值，并对下一时刻的积雪状态变量初场进行更新。图 6.5 为同化 AMSR-E 亮度温度数据（18.9GHz 和 36.5GHz）的雪深估算结果，研究结果表明，该方法可以有效地改进雪深的估计，在积雪积累期能够得到较好的结果，但是在积雪消融期，由于液态水的影响，同化结果不理想。利用 AMSR-E 亮度温度数据识别降雪并且不同化降雪时段的观测数据，可以进一步提高雪深的估计精度（Che et al., 2014）。

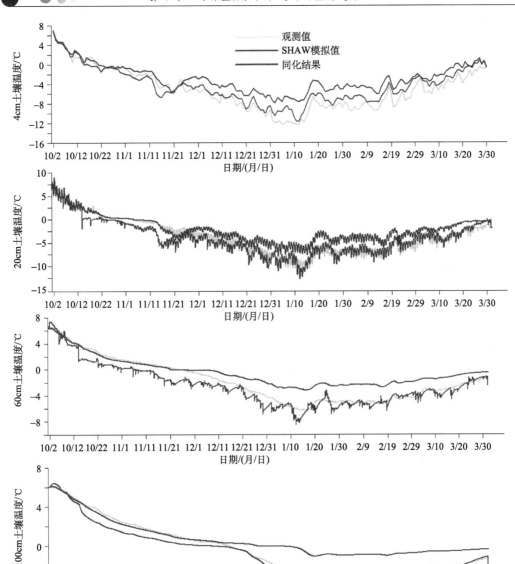

图 6.3　青藏高原土壤温度单点同化结果（同化 SSM/I 亮度温度）

　　图 6.6 为基于集合卡尔曼滤波的 MODIS 积雪面积数据同化框架。在该框架中，利用陆面过程模型（CoLM）实现了雪深的集合预报，进而利用"雪深–积雪面积"衰减曲线将陆面过程模型模拟的雪深转化为积雪面积，利用集合卡尔曼滤波实现 MODIS 积雪面积产品的同化。图 6.7 为利用北疆 50 个观测站点 2004～2006 年的平均雪深值、平均 MODIS SCF 数据构建"SCF-雪深"的关系曲线。SCF 与站点实测的雪深之间存在着很好的相关性。当海拔小于 1500m 时，R^2 在 0.86 以上。图 6.8 显示了北疆地区乌苏站点的 MODIS 积雪面积数据同化结果。通过对 50 个观测站点的同化结果进行分析，MODIS SCF

能显著地改进 CoLM 模型对积雪面积/雪深的低估问题，同化的结果明显与观测值更加接近，变化趋势也更加一致，能较好地反映出整个积雪季的积雪积累和消融趋势。积雪面积和雪深估计的改进程度平均可达到 0.58 和 0.29，即同化 SCF 可以有效提高 CoLM 模型对积雪面积和雪深的估计精度。

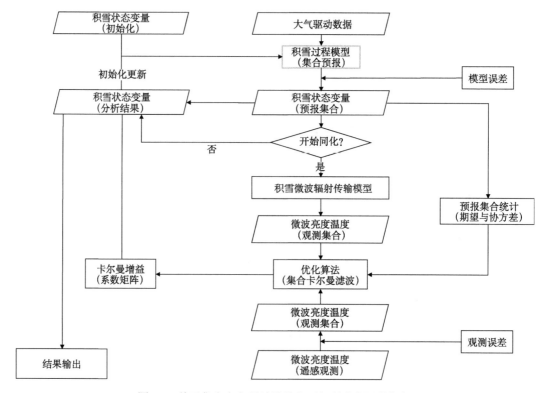

图 6.4　基于集合卡尔曼滤波的积雪辐射数据同化框架

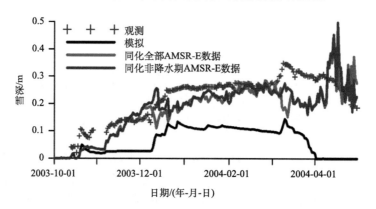

图 6.5　同化 AMSR-E 亮度温度数据（18.9GHz 和 36.5GHz）的雪深估算结果

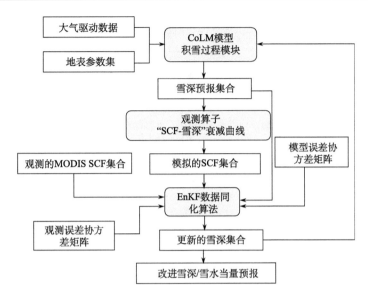

图 6.6　基于集合卡尔曼滤波的 MODIS 积雪面积数据同化框架

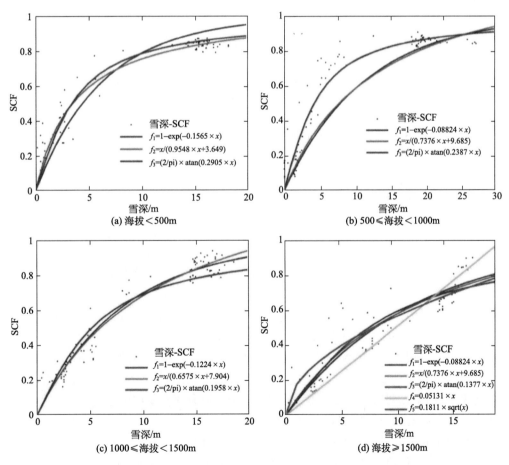

图 6.7　基于北疆地区站点观测数据的"SCF-雪深"衰减曲线

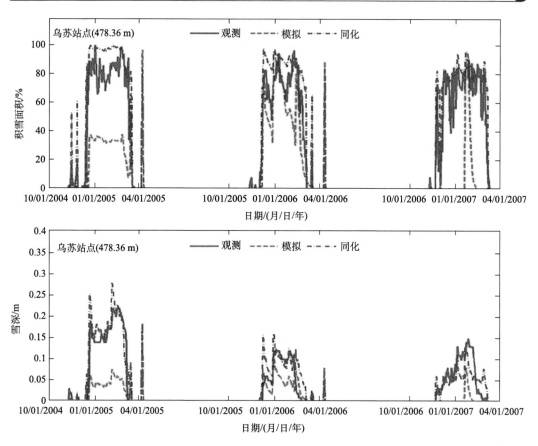

图 6.8　北疆地区乌苏站点的 MODIS 积雪面积和雪深数据同化结果

6.2.3　海冰遥感数据同化

　　通过同化海冰密集度和厚度等海冰相关产品来改进海冰模式的预报水平已有较多研究，包括利用（局地化）集合卡尔曼滤波、最优插值方法、Nudging 方法等，将 SSM/I、SSMI/S、OSI-SAF、AMSR-2、SMOS、CryoSat-2 等卫星海冰数据同化到 HYCOM、ROMS、MITgcm、Hadley 气候模式和竺可桢—南森国际研究中心 TO-PAZ 等模式中，提高海冰季节演变过程的模拟精度。图 6.9 为基于牛顿松弛逼近（Nudging）方法同化 AMSR-2 海冰密集度的北极海冰数值预报系统流程图（赵杰臣等，2016），该北极海冰数值预报系统基于 MITgcm 模式，使用 Nudging 数据同化方法将 AMSR-2 海冰密集度数据同化到模拟结果中，得到预报部分需要的海冰密集度初始场，然后再进行 24h、72h、120h 的海冰密集度预报，结果表明 Nudging 同化对 120h 内全北极海冰密集度的空间分布和移动单点目标的海冰密集度预报结果均有显著改善（图 6.10）。Yang 等（2014）利用局部化广义进化插值卡尔曼滤波进行了 SMOS 海冰厚度和 SSMI/S 海冰密集度的联合同化。通过与仅同化 SSMI/S 海冰密集度实验相比，联合同化对于海冰厚度和海冰密集度的预报精度均有提升。Mu 等（2018）在 Yang 等（2014）的基础上，进一步引入 CryoSat-2 海冰厚度数据，联合同化 CryoSat-2 海冰厚度、SMOS 海冰厚度和 SSMI/S 海冰密集度数据。研究结果表明，与海冰模型模拟和仅同化 SMOS 海冰厚度的结果相比，联合同化能显著改善海冰厚度的估计精度（图 6.11）。

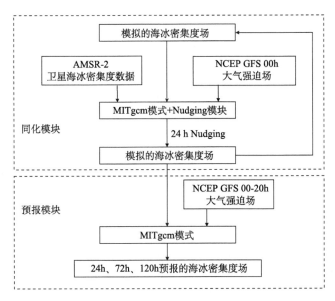

图 6.9 基于 MITgcm 模式和 Nudging 数据同化方法的北极海冰数值预报系统流程图（赵杰臣等，2016）

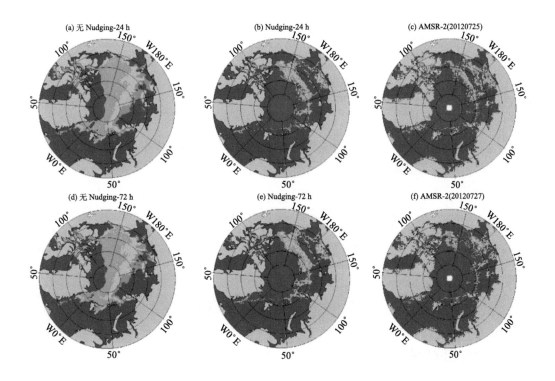

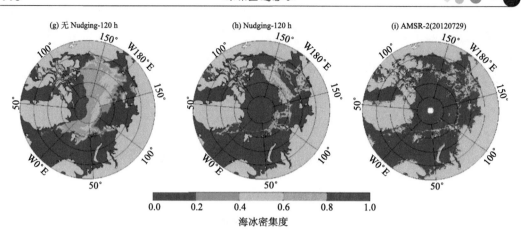

图 6.10 2012 年 7 月 25 日 0：00 时刻起 MITgcm 模式模拟结果[（a）～（c）]和 Nudging 同化对应的
预报结果[（d）～（f）]及 AMSR-2 卫星观测数据[（g）～（i）]的比较（赵杰臣等，2016）

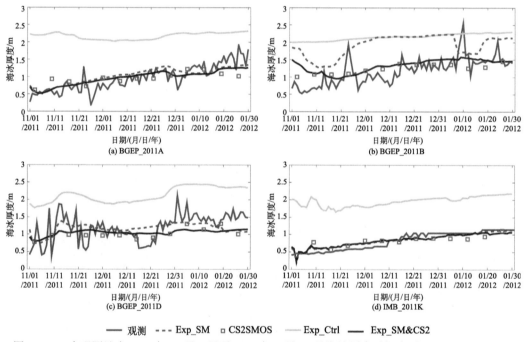

图 6.11 4 个观测站点 2011 年 11 月 1 日至 2012 年 1 月 30 日海冰厚度时间序列（Mu et al., 2018）

CS2SMOS：利用优化插值方法融合 CryoSat-2 和 SMOS 海冰厚度后的数据；Exp_Ctrl：仅运行海冰模型；Exp_SM：Yang
等（2014）的方案，即联合同化 SMOS 海冰厚度和 SSMI/S 海冰密集度；Exp_SM&CS2：联合同化 SMOS 海冰厚度、CryoSat2
海冰厚度和 SSMI/S 海冰密集度

6.3 冰冻圈信息系统

6.3.1 冰冻圈数据共享

冰冻圈是全球变化中不可缺少的重要研究领域，其数据共享早已超越国界，成为广大科学工作者，甚至政府和公众共同关注的焦点。信息技术的高速发展使冰冻圈科学数据交换共享水平、交换速度和方便程度都有了巨大的变化。建立全球性和区域性的数据网络来实现数据的交换与共享，必须有国际上共同遵守的数据共享原则，要考虑元数据标准化、构建数据交换格式适应国内外冰冻圈数据交流的需要。

科学数据共享的共识是采用广泛认可的元数据标准来描述科学数据，包括 ISO 19115/19139 地理元数据标准、DIF、Dublin Core 等元数据标准。采用最新的信息技术构建冰冻圈数据信息系统，采用统一的数据标识（如 DOI）唯一标识冰冻圈数据，定义冰冻圈数据的数据引用方式，设定数据的共享政策，通过互联网访问获取对应的冰冻圈数据。

目前，国内外研究机构和国际组织已经建立了大量冰冻圈信息系统，多数信息系统都通过数据中心的方式共享了大量冰冻圈数据。我们对几个典型的冰冻圈数据共享平台（表 6.1）进行简要介绍，其他数据中心也都采用了类似的技术方案和共享政策。

表 6.1　典型冰冻圈科学数据平台

名称	网址	维护方
寒区旱区科学数据中心	http://data.casnw.net/portal/	中国科学院西北生态环境资源研究院
国家极地科学数据中心	http://www.chinare.org.cn	中国极地研究中心
青藏高原科学数据中心	http://data.tpdc.ac.cn	中国科学院青藏高原研究所
NSIDC	http://www.nsidc.org	美国国家冰雪数据中心

1）寒区旱区科学数据中心

1988 年中国加入了世界数据中心，中国科学院兰州冰川冻土研究所承建冰川（雪冰）冻土学科中心，从事冰川、冻土和积雪方面数据的收集和整理工作，是 WDC 系统内非常活跃的数据中心之一。2004 年起，中国科学院寒区旱区环境与工程研究所参加了科学技术部"国家地球系统科学数据共享平台"，成立了"西部寒区旱区数据共享平台"，是该平台中非常重要的区域和学科中心之一。2006 年国家自然科学基金委员会成立"中国西部环境与生态科学数据中心"，该中心的定位是收集、整理、存储我国，乃至世界范围内寒区旱区领域的科学数据。

寒区旱区科学数据中心共有两种数据共享政策：针对在线数据，实施基于"完全与开放"（full & open）的数据共享政策，即所有的科学家或研究项目都有权力、无差别地获得该数据中心的数据和文档；针对离线数据，征得数据提供者同意后可以进行数据共享。该数据中心一方面面向科学研究者提供数据服务，即以科学问题为导向，从数据的制备、数据质量和数据组织等方面满足科学研究的需要；另一方面培养科学数据共享氛围，即实现良好的知识产权保护机制，推动科学家、研究者自愿进行数据共享，同时规范化科学数据的引用和致谢。

寒区旱区科学数据中心采用 ISO 19115 元数据标准，并定义了自己的核心元数据，以开源的 GeoNetwork 系统为元数据编辑系统，对元数据采用 UUID 和 DOI 进行唯一标识，并以元数据为核心实现了科学数据导航浏览系统，提供全文搜索，以及根据元数据中的关键词、分类发挥数据导航的功能。

寒区旱区科学数据中心共享了大量与冰冻圈相关的科学数据集，包括冰川、冻土、积雪等方面的数据集，例如中国第一次冰川编目数据集、中国第二次冰川编目数据集（V1.0）、中国1∶400万冰雪冻土图、中国多年冻土分布图、青藏高原积雪覆盖数据集、中国雪深长时间序列数据集等。

2）中国南北极数据中心

1999年中国极地科学数据库系统（CHINARE）在科学技术部资助下建成，2003年该系统加入了科学技术部建立的"中国地球系统科学数据共享网"，在《南极条约》和《中国极地科学考察数据管理办法》原则框架下面向国内外科学界和社会公众提供极地科学数据共享服务。CHINARE系统以实现极地南北极科学考察数据的检索、发布、申请和审批为目标，实现极地科学数据的发布、浏览、检索、申请、统计分析等功能，并提供海冰监测数据、走航气象数据、走航温盐数据、走航GPS数据等专题数据，以及极地考察船航行信息数据。

3）青藏高原科学数据中心

青藏高原科学数据中心由中国科学院青藏高原研究所建立，目标是站在国家青藏高原研究重大科学问题需求的高度，综合集成青藏高原研究现有科学数据，组织青藏高原相关研究的综合项目和计划，协调有关青藏高原研究的长期科研活动，充分利用现有资源，构建网络化的青藏高原科学数据管理与共享服务体系，形成青藏高原社会经济发展和青藏高原研究提供支撑服务的国际水平的科学数据库。青藏高原科学数据中心的数据资源主要分为大气观测、冰川冻土、生态环境、社会经济等类型。

4）NSIDC

NSIDC是美国支持冰冻圈科学研究的数据中心，其面向的研究领域包括雪、冰、冰川、冻土及冰冻圈气候变化，同时管理和共享冰冻圈及相关领域的科学数据，并向公众科普冰冻圈知识。NSIDC开始于1976年，是当时世界数据中心冰川中心的资料存档中心和信息中心。1982年美国国家海洋和大气管理局创建了NSIDC，作为扩大WDC的一种手段，并作为一个美国国家海洋和大气管理局项目数据存档中心。20世纪80年代和90年代，NASA扩大了对NSIDC的资金支持，使其成为NASA的分布式档案中心（DAAC）的分中心之一，目标主要是管理北极和南极数据及元数据。NSIDC主要数据集包括被动微波遥感亮度温度数据集、冰川数据集、冻土数据集、积雪数据集、海冰数据集、土壤湿度数据集。

6.3.2　冰冻圈遥感产品

1. 冰川/冰盖遥感产品

20世纪70年代之后，随着卫星遥感技术的发展和观测精度的提高，陆地资源系列卫星Landsat、SPOT、ASTER和ALOS等影像逐渐被应用于冰川变化监测，经过长期的探索，已经积累了全球/区域尺度上的多种冰川/冰盖遥感产品。GLIMS全球冰川数据库以世界冰川区的ASTER、Landsat TM/ETM+影像和历史观测为主要数据源，结合SPOT等高分辨率遥感影像和航空像片数据，对全球陆地冰川长度、面积、表面高程、运动速度及冰川物质平衡等进行动态监测与分析。Randolph 冰川编目（Randolph glacier inventory, RGI）是目前最全面和最新的世界冰川编目之一，是对 GLIMS 的补充，其最新版本是 RGI 6.0。GAMDAM 冰川编目（GGI）以 Landsat ETM+影像为数据源，结合 DEM 及高分辨率的 Google Earth 影像，对亚洲的冰川边界、冰川面积、冰川高程等进行了提取和计算。ICESat 冰川遥感产品包括基于标准参数化方法计算的全球冰盖信息及校正后的冰盖信息。冰桥（IceBridge）计划提供了光学、激光雷达及雷达三种类型的冰川数据产品。中国第二次冰川编目以 Landsat TM/ETM+为主要数据源绘制冰川边界，使用 SRTM V4 数据提取冰川高程属性，用波段比值阈值分割方法、山脊线提取方法并结合人工修订提取冰川边界，基于通用的 GIS 算法计算冰川的面积、周长等几何属性，以及最大、最小和平均等高程属性。各数据产品详细信息如表 6.2 所示。

表 6.2　国内外主要冰川/冰盖遥感产品

数据产品	参数	时间范围	空间范围	空间分辨率	数据源
GLIMS 全球冰川数据库	冰川长度、冰川面积、表面高程、运动速度等	1850 年 1 月至今	全球	—	GLIMS/NSIDC
Randolph 冰川编目	冰川轮廓、面积、高程、地形等	—	全球	—	GLIMS/NSIDC
GAMDAM 冰川编目（GGI）	冰川轮廓、面积、高程等	—	67.4°～103.9°E，27.0°～54.9°N	—	GAMDAM 项目
GLAS/ICESat 基于波形的范围修正数据产品（GLA05）	冰盖高程、粗糙度、坡度	2003.2.20～2009.10.11	全球	(60～70m)×(60～70m)	NASA NSIDC
GLAS/ICESat 全球高程数据产品（GLA06）	冰盖高程、地形	2003.2.20～2009.10.11	全球	(60～70m)×(60～70m)	NSIDC
IceBridge DMS L1B 级几何定位和正射校正影像	—	2009.10.16～2018.4.19	格陵兰岛与南极洲	—	NSIDC
IceBridge CAMBOT L1B 级影像数据	—	2009.3.31～2013.4.26	格陵兰岛与南极洲	—	NSIDC
IceBridge ATM L1B 级高程和回波强度剖面数据产品	冰川/冰盖高程	2013.3.20～2017.7.25	南、北极海冰；格陵兰岛、南极半岛和南极西部的冰层	—	NASA NSIDC
IceBridge ATM L2 级冰川/冰盖高程文本数据	冰川/冰盖高程、粗糙度	2009.3.31～2017.11.25	南、北极海冰；格陵兰岛、南极半岛和南极西部的冰层	—	NSIDC
IceBridge MCoRDS L2 冰厚产品	冰川/冰盖高程、厚度	2009.10.16～2017.11.25	格陵兰岛、南极洲	—	MCoRDS
IceBridge MCoRDS L3 冰厚、冰表面及冰底部栅格数据产品	冰川/冰盖高程、厚度、地形	2006.1.1～2012.12.31	格陵兰岛、南极洲	—	MCoRDS
中国第二次冰川编目数据集	冰川信息的矢量数据和属性数据	2004～2011 年	中国西部主要冰川区	—	WESTDC

2. 冻土遥感产品

冻土遥感产品大多是基于被动微波辐射计和主动散射计监测地表冻融状态，空间分辨率在 25～50 km。目前，国内外已业务化制备和发布的冻土遥感产品主要包括 MEaSUREs 全球冻融状态（F/T）的逐日记录、SMAP 辐射计/散射计/增强的辐射计冻融产品、ASCAT 亚洲高山冰川和积雪区季节性冻结土壤的冻结/融化状态数据、基于决策树算法和双指标算法的中国长序列地表冻融数据集，以及青藏高原 1km 空间分辨率遥感年平均地表温度、冻融指数和冻结数据产品。各数据产品的详细信息如表 6.3 所示。

表 6.3　国内外主要冻土遥感产品

冻融产品	传感器	空间范围	时间范围	空间分辨率/km	时间分辨率	数据源
MEaSUREs 冻融状态	SMMR、SSM/I、SSMI/S	全球	1979.1.1～2016.12.31	25	逐日	NSIDC
MEaSUREs 冻融状态	AMSR-E、AMSR-2	全球	2002.6.19～2016.9.27	25	逐日	NSIDC
SMAP 辐射计冻融状态	L-波段辐射计	北半球	2015 年 3 月 31 日至今	36	逐日	NSIDC
SMAP 散射计冻融状态	L-波段雷达	北半球	2015.4.13～2015.7.7	3	逐日	NSIDC
SMAP 辐射计增强的冻融状态	L-波段辐射计	北半球	2015 年 3 月 31 日至今	9	逐日	NSIDC
中国长序列地表冻融数据集——决策树算法	SSM/I	中国大陆主体部分	1987～2009 年	25	逐日	WESTDC
中国长序列地表冻融数据集——双指标算法	SMMR、SSM/I、SSMI/S	中国大陆主体部分	1978～2015 年	25	逐日	WESTDC
青藏高原 1km 空间分辨率遥感年平均地表温度、冻融指数和冻结数据产品	MODIS	青藏高原	2004～2016 年	1	逐年	WESTDC

3. 积雪遥感产品

1）积雪覆盖范围/覆盖率遥感产品

基于遥感的积雪覆盖范围/覆盖率制图已经取得了长足的发展，积累了全球/区域尺度上长时间序列的多种积雪覆盖范围/覆盖率遥感产品。自 1966 年以来，NOAA 提供了基于 AVHRR 的北半球每周积雪覆盖面积产品。GlobSnow 计划基于 ATSR-2 和 AATSR 时间序列产品，生成了一系列自 1995 年以来的近实时北半球 0.01°× 0.01°分辨率的积雪覆盖范围产品。NOAA 的 IMS 积雪面积产品融合了多种光学数据与微波数据，提供北半球逐日无云的积雪。MODIS 积雪产品因其具有较高的时空分辨率和较好的精度得到了广泛的应用。MODIS 积雪产品在晴空条件下具有较高的精度，但大量云像元的存在严重影响了 MODIS 积雪产品的应用。目前，研究者已发展了一系列融合去云算法，以消除 MODIS 积雪产品中的云污染，如青藏高原逐日无云 MODIS 积雪面积比例数据集（2000～2015 年）、青藏高原 MODIS 逐日无云积雪面积数据集（2002～2015 年）、高亚洲逐日积雪覆盖率数据集。我国的 FY 系列卫星数据在积雪面积制图中也得到了广泛应用，中国气象局已经制备了业务化的中国区域或全球积雪面积产品，如 1996～2010 年中国区域 FY-1/MVISR & NOAA/AVHRR 积雪面积旬产品。中国气象局采用 FY-3 的 MERSI 和 VIRR 雪产品融合生成全球 MULSS 日/旬/月积雪面积产品。积雪覆盖范围/覆盖率产品的详细信息如表 6.4 所示。

表 6.4　国内外主要积雪覆盖范围/覆盖率产品

产品	空间范围	时间范围	空间分辨率	时间分辨率	数据源
AVHRR 积雪产品	北半球	1966 年至今	～190km	周	NOAA
近实时雪冰范围	全球	1995 年至今	25km	逐日	NSIDC
GlobSnow 积雪覆盖范围产品（DFSC、D4SC、WFSC、MFSC）	北半球	1995 年至今	0.01°×0.01°	逐日/周/月	FMI
IMS 雪冰产品	北半球	1997.2.4/2004 年/2014 年至今	1km/4km/24km	逐日	NOAA
MODIS/Terra 积雪产品（MOD10_L2、MOD10L2G、MOD10A1/A2、MOD10C1/C2）	全球	2000 年 2 月 24 日至今	500m/0.05°	逐日/8 天	NASA
MODIS/Aqua 积雪产品（MYD10_L2、MYD10L2G、MYD10A1/A2、MYD10C1/C2）	全球	2002 年 7 月 4 日至今	500m/0.05°	逐日/8 天	NASA
青藏高原逐日无云 MODIS 积雪面积比例数据集	青藏高原	2000～2015 年	500m	逐日	WESTDC
青藏高原 MODIS 逐日无云积雪面积数据集	青藏高原	2000～2015 年	500m	逐日	WESTDC
高亚洲逐日积雪覆盖率数据集	高亚洲	2002～2016 年	500m	逐日	RADI
FY-1&AVHRR 积雪覆盖	中国	1996～2010 年	5km	10 天	CMA
FY-3/MULSS 积雪产品	全球	2008 年至今	1km	逐日/10 天/月	CMA

2）雪水当量/雪深遥感产品

雪水当量/雪深遥感反演理论与算法均已取得了较大的进展，现已积累了不同时空尺度、不同数据格式的多种雪水当量/雪深遥感数据产品，如表 6.5 所示。

表 6.5　国内外主要雪水当量/雪深遥感数据产品

数据产品	空间范围	时间范围	空间分辨率	时间分辨率	数据源
SMMR 积雪雪深产品	全球	1978.11～1987.8	0.5°	逐月	NSIDC
SSM/I 雪深产品	全球	1987 年至今	25km	逐日	NSIDC

续表

数据产品	空间范围	时间范围	空间分辨率	时间分辨率	数据源
SSMI/S 雪深产品	全球	2003 年至今	25km	逐日	NSIDC
GlobSnow 雪水当量产品	北半球	1979 年 9 月至今	25km	逐日/周/月	ESA
AMSR-E 雪水当量产品	全球	2002.6.19～2011.10.3	25km	逐日/5 天/月	NSIDC
AMSR-2 雪水当量/雪深产品	全球	2015 年 5 月 1 日至今	10km/25km/Swath	逐日	JAXA
FY-3B/C 雪深/雪水当量产品	全球	2011.7/2014.5 至今	25km	逐日/旬/月	CMA
中国雪深长时间序列数据集（1978～2012 年）	中国	1978～2012 年	25km	逐日	WestDC
中国雪深长时间序列数据集（1979～2016 年）	中国	1979～2016 年	0.25°	逐日	WestDC

目前国际上最有影响的逐日雪水当量数据是 NASA 发布的雪水当量产品和 ESA 发布的 GlobSnow 雪水当量产品。1978 年 NSIDC 利用 SMMR 生产了全球 0.5°空间分辨率的逐月雪深产品。从 1987 年起，性能更好的 SSM/I（2003 年 SSMI/S 开始提供数据）替代了 SMMR，提供了半球或全球尺度的雪深变化产品；GlobSnow 项目基于 SMMR、SSM/I、SSMI/S 数据及气象站点长时间序列观测数据，利用数据同化方法生成了 1979 年以来北半球的逐日/周/月雪水当量产品。NSIDC 和 JAXA 分别利用 AMSR-E 和 AMSR-2 的微波亮度温度数据生产制作了全球范围的雪水当量产品，AMSR-E 积雪产品包括逐日、5 日最大和月平均的 25km 分辨率的雪水当量产品，AMSR-2 积雪产品包括近实时 25km 的逐日雪水当量产品和分辨率提升到 10km 的雪深产品。

我国的雪水当量/雪深产品主要包括近年来中国气象局利用 FY-3B/MWRI 形成的逐日雪深/雪水当量产品、利用 FY-3C/MWRI 形成的逐日/旬/月雪深/雪水当量产品，以及利用 SMMR（1978～1987 年）、SSM/I（1987～2008 年）和 AMSR-E（2002～2012 年）生产的中国雪深长时间序列数据集（1978～2012 年），升级后的产品为中国雪深长时间序列数据集（1979～2016 年）。

3）积雪反照率

20 世纪 80 年代以来，研究人员利用不同的传感器发展了多种地表反照率遥感反演算法，已经积累了全球尺度上多种地表反照率遥感产品，如表 6.6 所示。

表 6.6　国内外主要地表反照率遥感产品

产品	空间范围	时间范围	空间分辨率	时间分辨率	数据源
MODIS （MCD43）	全球	2000 年至今	1km	16 天	NASA
MODIS （SAD）	全球	2000 年至今	0.5km	逐日	NASA
MERIS	全球	2002～2006 年	0.5deg	16 天 30 天	ESA
VEGETATION	全球	1998～2003 年	1km	10 天	COEA
MISR	全球	2003～2010 年	1.1km 17.6km	8 天	NASA
POLDER	全球	1996～1997 年 2003 年	6.7km	10 天	CNES

续表

产品	空间范围	时间范围	空间分辨率	时间分辨率	数据源
CLARA-SAL	全球	1982～2009 年	0.25°	5 天/月	ESA/EUMETSAT
LSA-SAF（MSG/SEVIRI）	全球	1999～2007 年	3km	5 天	ESA/EUMETSAT
GLASS	全球	1985～1999 年，2000～2013 年	5km 1km	逐日	GCESS
GlobAlbedo	全球	1995～2010 年	0.5°	16 天	ESA

目前，NASA 发布的业务化的 MODIS 地表反照率 MCD43 系列产品是时间、空间覆盖范围最广的准实时全球地表反照率数据集，空间分辨率为 500m/1km，时间分辨率为 16 天。为了弥补地表反照率数据时间分辨率低的不足，美国于 2002 年发展了首个全球逐日积雪反照率算法，并将其作为 MODIS 积雪产品的一个反照率数据集 SAD。CLARA-SAL 全球反照率产品基于 AVHRR 观测，根据大气顶的二向反射率与地表反照率之间的统计关系直接估算地表反照率。欧洲的 LSA-SAF 地表反照率产品就是利用 MSG/MERIS 数据，采用最优估计算法反演地表反照率。ESA 的 GlobAlbedo 计划开发了基于 ATSR-2、AATSR、MERIS 和 VEGETATION 联合数据的全球反照率产品。GLASS 地表反照率产品是我国科学家基于 MODIS 和 AVHRR 数据生产的目前国际上时间序列最长的全球地表反照率产品，其产品精度仍有待进一步验证。

4. 海冰遥感产品

自 1978 年有卫星观测数据以来，世界主要冰冻圈研究机构已经根据一年冰、多年冰、有强烈地表散射的海冰等不同类型海冰的特点及不同卫星传感器的特性，设计了多种海冰提取算法，并制作了一系列海冰产品，如表 6.7 所示。

表 6.7　国内外主要海冰遥感产品

产品	空间范围	时间范围	空间分辨率	时间分辨率	数据源
MODIS 海冰范围	全球	2000 年 1 月至今	1km/4km	逐日	NSIDC
SMMR、SSM/I-SSMI/S 海冰产品	全球	1978.10.26～2017.2.28	25 km	—	NSIDC
近实时 SSMI/S 海冰密集度产品	全球	2011.10～2014.10	25 km/6.25 km	逐日	NSIDC
AMSR-E/AMSR-2 海冰密集度产品	全球	2002.6.1～2011.10.4、2015.10.1 至今	6.25 km/12.5km	逐日	NSIDC
IceBridge 海冰厚度数据产品	格陵兰岛和南极洲	2009.3.19～2013.4.25	—	—	NSIDC
CryoSat-2 L1B 级回波波形数据	北极	2010 年 9 月 15 日至今	1.65km×0.38m	逐日	ESA
CryoSat-2 L4 级海冰高程、干舷高度和海报厚度数据产品	北极	2010 年 8 月 27 日至今	25km	30 天	ESA
MASAM2 海冰密集度产品	全球	2012 年 7 月 3 日至今	4km	逐日	NSIDC

续表

产品	空间范围	时间范围	空间分辨率	时间分辨率	数据源
OSI-SAF 海冰密集度产品	全球	2005 年至今	10km	逐日	ESA/EUM ETSAT
IMS 海冰范围产品	北半球	1997 年 2 月 4 日至今	1km/4km/24km	逐日	NSIDC
FY 全球海冰产品	全球	2014 年 5 月 29 日至今	12.5km	逐日	CMA

目前，MODIS 海冰产品根据海冰和海水在可见光波段和红外波段不同的波谱特性，利用反射率和冰表温度（IST）数据有效获取海冰范围信息，NSIDC 提供了自 2002 年以来全球 1km/4km 空间分辨率的逐日 MODIS 海冰范围和冰表温度产品。SMMR、SSM/I-SSMI/S 海冰趋势和气候学产品是 NSIDC 发布的基于 SMMR、SSM/I 和 SSMI/S 传感器的低空间分辨率数据。近实时 SSMI/S 海冰密集度产品包括 NSIDC 发布的基于 SSMI/S 传感器、采用 NASA 算法生成的海冰密集度产品，以及德国不来梅大学发布的基于 SSMI/S 传感器、采用 ASI（Arctic radiation and turbulence interaction study sea ice algorithm）算法生成的海冰密集度产品。AMSR-E/AMSR-2 逐日全球海冰密集度产品采用 ASI 算法，基于 89GHz 垂直与水平极化辐射亮度温差来反演海冰密集度。北极 IceBridge 机载激光测高海冰厚度数据产品利用机载平台上 ATM 和 SnowRadar 传感器获得的沿航迹高程和积雪深度信息协同反演得到。CryoSat-2 海冰遥感产品包括在 SAR 和 SARIn 模式下平均处理的回波波形数据、海冰高程数据和海冰表面粗糙度数据，以及利用合成孔径干涉雷达高度计观测计算的 30 天平均的北极海冰高程、干舷高度、海冰粗糙度和海冰厚度数据。

除以上常见的海冰产品以外，还有一些海冰产品也得到了广泛应用，如 MASAM2 海冰密集度产品是基于 4 km 分辨率的多传感器海冰范围产品 MASIE 和 10 km 分辨率的海冰密集度产品 AMSR-2 融合而成的。OSI-SAF 是 EUMETSAT 发布的准实时海冰密集度产品，自 2005 年业务化运行至今，其使用了将 Bristol 算法和 Bootstrap 算法相结合的一种新算法，并使用欧洲中期天气预报中心（ECMWF）的数值模式结果进行大气校正。IMS 还提供 1997 年以来北半球的湖冰、海冰范围数据。我国 FY-3B/MWRI 为海冰研究增添了新的数据源，利用 MWRI 数据，采用 Enhanced NT 算法反演得到了空间分辨率为 12.5 km 的 FY 全球海冰覆盖度日产品。

思 考 题

1. 目前有哪些冰冻圈要素的遥感产品，这些产品有哪些优点和缺点？
2. 数据同化在冰冻圈科学中有哪些应用？

参 考 文 献

曹梅盛, 李培基. 1991. 乌鲁木齐市郊冬季干积雪光谱反照率特性. 干旱区地理, 14 (1): 69-73.

曹梅盛, 李新, 陈贤章, 等. 2006. 冰冻圈遥感. 北京: 科学出版社.

常沛, 周春霞, 墙强. 2016. 利用双差干涉测量方法提取 Jelbart 冰架接地线. 武汉大学学报(信息科学版), 11: 1458-1462.

车涛, 晋锐, 李新, 等. 2004. 近 20 年来西藏朋曲流域冰湖变化及潜在溃决冰湖分析. 冰川冻土, 26(4): 397-402.

杜碧兰, 谭世祥, 藏恒范. 1992. 海冰航空遥感技术研究. 见: 吴培中. 海冰遥感与应用论文集. 北京: 海洋出版社.

冯学智, 陈贤章. 1998. 雪冰遥感 20 年的进展与成果. 冰川冻土, 3: 245-248.

金亚秋. 1993. 电磁散射和热辐射的遥感理论. 北京: 科学出版社.

李红星, 李弘毅, 梁继, 等. 2014. 吸光性污染物对积雪光谱反射率的影响研究. 遥感技术与应用, 29(5): 782-787.

李新, 摆玉龙. 2010. 顺序数据同化的 Bayes 滤波框架. 地球科学进展, 25(5): 515-522.

李新, 黄春林, 车涛, 等. 2007. 中国陆面数据同化系统研究的进展与前瞻. 自然科学进展, 17(2): 163-173.

李新, 刘绍民, 马明国, 等. 2012. 黑河流域生态—水文过程综合遥感观测联合试验总体设计. 地球科学进展, 27(5) : 481-498.

刘岩, 程晓, 惠凤鸣, 等. 2013. 利用 EnviSat ASAR 数据监测南极冰架崩解. 遥感学报, (3): 479-494.

秦大河. 2014. 冰冻圈科学辞典. 北京: 气象出版社.

邱玉宝, 郭华东, 阮永俭, 等. 2017. 2002~2016 年高亚洲地区中大型湖泊微波亮温和冻融数据集. 中国科学数据, 2 (2): 30-41.

王清华, 宁津生, 任贾文, 等. 2002. 东南极 Amery 冰架与陆地冰分界线的重新划定及验证. 武汉大学学报(信息科学版), 27(6): 591-597.

王欣, 刘时银, 郭万钦, 等. 2009. 我国喜马拉雅山区冰碛湖溃决危险性评价. 地理学报, 64(7): 782-790.

殷青军, 杨英莲. 2005. 基于 EOS/MODIS 数据的青海湖遥感监测. 湖泊科学, 17(4): 356-360.

赵杰臣, 杨清华, 李明, 等. 2016. Nudging 资料同化对北极海冰密集度预报的改进. 海洋学报, 38(5): 70-82.

Alley R B, Fahnestock M, Joughin I. 2008. Understanding glacier flow in changing times. Science, 322(5904): 1061.

Benn D I, Warren C R, Mottram R H. 2007. Calving processes and the dynamics of calving glaciers. Earth-Science Reviews, 82(3-4): 143-179.

Bettadpur S. 2012. UTCSR level-2 processing standards document for level-2 products release 0005, GRACE. Austin: Univ of Tex.

Box J E, Ski K. 2007. Remote sounding of Greenland supraglacial melt lakes: Implications for subglacial hydraulics. Journal of Glaciology, 53(181): 257-265.

Braithwaite R J. 1984. Can the mass balance of a glacier be estimated from its equilibrium-line altitude. Journal of Glaciology, 30(106): 364-368.

Cao B, Gruber S, Zhang T, et al. 2017. Spatial variability of active layer thickness detected by ground-penetrating radar in the Qilian Mountains, Western China. Journal of Geophysical Research Earth Surface, 122(3): 574-591.

Cavalieri D J, Markus T, Hall D K, et al. 2010. Assessment of AMSR-E antarctic winter sea-ice concentrations using Aqua MODIS. IEEE Transactions on Geoscience & Remote Sensing, 48 (9): 3331-3339.

Cavalieri D J, Markus T, Mastanik J A. et al. 2006. March 2003 EOS Aqua AMSR-E Arctic Sea ice field campaign. IEEE Transactions on Geoscience and Remote Sensing, 44(11): 3003-3008.

Chang A T C, Gloersen P, Schmugge T, et al. 1976. Microwave emission from snow and glacier ice. Journal of Glaciology, 16: 23-39

Chaouch N , Temimi M , Romanov P , et al. 2014. An automated algorithm for river ice monitoring over the Susquehanna River using the MODIS data. Hydrological Processes, 28(1): 62-73.

Che T, Li X, Jin R, et al. 2008. Snow depth derived from passive microwave remote-sensing data in China. Annals of Glaciology, 49: 145-154.

Che T, Li X, Jin R, et al. 2014. Assimilating passive microwave remote sensing data into a land surface model to improve the estimation of snow depth. Remote Sensing of Environment, 143: 54-63.

Chen J, Liu L, Zhang T, et al. 2018. Using PSInSAR to map and quantify permafrost thaw subsidence: A case study of Eboling Mountain on the Qinghai-Tibet Plateau. Journal of Geophysical Research: Earth Surface, 123(10): 2663-2676.

Clausi D A, Qin A K, Chowdhury M S, et al. 2010. MAGIC: MAp-Guided ice classification system. Canadian Journal of Remote Sensing, 36(sup1): S13-S25.

Cloude S R, Papathanassiou K P. 1998. Polarimetric SAR interferometry. IEEE Transactions on Geoscience and Remote Sensing, 36: 1551-1565.

Cloude S R, Pottier E. 1996. A review of target decomposition theorems in radar polarimetry. IEEE Trans Geosci Remote Sensing, 34(2): 498-518.

Colgan W, Steffen K, Mclamb W S, et al. 2011. An increase in crevasse extent, West Greenland: Hydrologic implications. Geophysical Research Letters, 38(18): 113-120.

Collins I F, McCrae I. 1985. Creep buckling of ice shelves and the formation of pressure rollers. Journal of Glaciology, 31(109): 242-252.

Cutler P M, Munro D S. 1996. Visible and near-infrared reflectivity during the ablation period on Peyto glacier, Alberta, Canada. Journal of Glaciology, 42(141): 333-340.

Duguay C R, Bernier M, Gauthier Y, et al. 2015. Remote sensing of the cryosphere//Tedesco M. Remote Sensing of Lake and River Ice. New Jersey: Wiley-Blackwell: 273-306.

Farrell W E. 1972. Deformation of the Earth by Surface Loads. Reviews of Geophysics and Space Physics, 10 : 761-797.

Fitzgibbon A W, Pilu M, Fisher R B. 1999. Direct least squares fitting of ellipses. IEEE Trans Pattern Anal Mach Intell, 21(5) : 476-480.

Flechtner F, Dobslaw H, Fagiolini E. 2014. AOD1B product description document for product release 05 (Rev. 4. 2), GRACE 327-750.

Foster J L, Sun C, Walker J P, et al. 2005. Quantifying the uncertainty in passive microwave snow water equivalent observations. Remote Sensing of Environment, 94(2): 187-203.

Gangodagamage C, Rowland J C, Hubbard S S, et al. 2014. Extrapolating active layer thickness measurements across Arctic polygonal terrain using LiDAR and NDVI data sets. Water Resources Research, 50(8): 6339-6357.

Gill R S. 2001. Operational detection of sea ice edges and icebergs using SAR. Canadian Journal of Remote Sensing, 27(5): 411-432.

Goldstein R M, Engelhardt H, Kamb B, et al. 1993. Satellite radar interferometry for monitoring ice sheet motion: Application to an antarctic ice stream. Science, 262(5139): 1525-1530.

Gratton D J, Howarth P J, Marceau D J. 1994. An investigation of terrain irradiance in a mountain glacier basin. Journal of Glaciology, 40(136): 519-526.

Guo W, Liu S, Xu J. 2015. The second Chinese glacier inventory: Data, methods and results. Journal of Gloaciology, 61(226): 357-372.

Hall D K, Riggs G A, Salomonson V V, et al. 2001. Earth Observing System (EOS) Moderate Resolution Imaging Spectroradiometer (MODIS) Snow-Cover Maps. Santa Fe: Proceedings of the IAHS Hydrology 2000 Conference.

Helm V, Humbert A, Miller H. 2014. Elevation and elevation change of Greenland and Antarctica derived from CryoSat-2. The Cryosphere, 8(4): 1539-1559.

Hobbs P V. 1974. Ice Physics. Oxford: Clarendon Press.

Holt T, Glasser N, Quincey D. 2013. The structural glaciology of southwest Antarctic Peninsula Ice Shelves (ca. 2010). Journal of Maps, 9(4): 523-531.

Howell S E L, Brown L C, Kang K K, et al. 2009. Variability in ice phenology on Great Bear Lake and Great Slave Lake, Northwest Territories, Canada, from SeaWinds/QuickSCAT: 2000–2006. Remote Sensing of Environment, 113(4): 816-834.

Huggel C, Kääb A, Haeberli W, et al. 2002. Remote sensing based assessment of hazards from glacier lake outbursts: A case study in the Swiss Alps. Canadian Geotechnical Journal, 39(2): 316-330.

Husi Letu, Hiroshi Ishimoto, Riedi Jerome, et al. 2016. Investigation of ice particle habits to be used for ice cloud remote sensing for the GCOM-C satellite mission. Atmospheric Chemistry and Physics, 16(18): 12287-12303.

Husi Letu, Takashi Y Nakajima, Takashi N M. 2012. Development of an ice crystal scattering database for the global change observation mission/second generation global imager satellite mission: Investigating the refractive index grid system and potential retrieval error. Applied Optics, 51(25): 6172-6178.

Jezek K C. 1999. Glaciological properties of the Antarctic ice sheet from RADARSAT-1 synthetic aperture radar imagery. Annals of Glaciology, 29(1): 286-290.

Jin R, Li X, Che T. 2009. A decision tree algorithm for surface soil freeze/thaw classification over China using SSM/I brightness temperature. Remote Sensing of Environment, 113(12): 2651-2660.

Kang K, Duguay C R, Lemmetyinen J, et al. 2014. Estimation of ice thickness on large northern lakes from AMSR-E brightness temperature measurements. Remote Sensing of Environment, 150: 1-19.

Kehle R O. 1964. Deformation of the Ross ice shelf, Antarctica. Geological Society of America Bulletin, 75(4): 259-286.

King M, Nguyen L N, Coleman R, et al. 2000. Strategies for high precision processing of GPS measurements with application to the Amery Ice Shelf, East Antarctica. GPS Solutions, 4(1): 2-12.

Knäp W H, Reijmer C H. 1998. Anisotropy of the reflected radiation field over melting glacier ice: Measurement in Landsat TM bands 2 and 4. Remote Sensing of Environment, 65: 93-104.

Kropacek J, Neckel N, Buchroithner M. 2013. Radar Altimetry for Glacio-Hydrological Research on the Tibetan Plateau. Venice: 20 Years of Progress in Radar Altimatry.

Kwok R, Nghiem S V, Yueh S H, et al. 1995. Retrieval of thin ice thickness from multifrequency polarimetric SAR data. Remote Sensing of Environment, 51(3): 361-374.

Latifovic R, Pouliot D. 2007. Analysis of climate change impacts on lake ice phenology in Canada using the historical satellite data record. Remote Sensing of Environment, 106(4): 492-507.

Laxon S, Peacock N, Smith D. 2003. High interannual variability of sea ice thickness in the Arctic region.

Nature, 425(6961) : 947-950.

Li J, Zwally H J. 2011. Modeling of firn compaction for estimating ice-sheet mass change from observed ice-sheet elevation change. Annals of Glaciology, 52 (59): 1-7.

Li X, Cheng G D, Jin H J, et al. 2008. Cryospheric change in China. Global and Planetary Change, 62(3-4): 210-218.

Li X, Cheng G D, Liu S, et al. 2013. Heihe watershed allied telemetry experimental research (HiWATER): Scientific objectives and experimental design. Bulletin of the American Meteorological Society, 94(8): 1145-1160.

Liu L, Schaefer K, Zhang T. 2012. Estimating 1992–2000 average active layer thickness on the Alaskan North Slope from remotely sensed surface subsidence. Journal of Geophysical Research, Earth Surface, 117(F1).

Liu Y, Moore J C, Cheng X, et al. 2015. Ocean-driven thinning enhances iceberg calving and retreat of Antarctic ice shelves. Proceedings of the National Academy of Sciences of the United States of America, 112(3): 3263.

Martin-espanol A, Zammit-mangion A, Clarke P J. et al. 2016. Spatial and temporal Antarctic Ice Sheet mass trends, glacio-isostatic adjustment, and surface processes from a joint inversion of satellite altimeter, gravity, and GPS data. Journal of Geophysical Research-earth Surface, 121(2): 182-200.

Matsunaga T. 2007. Estimating ice breakup dates on Eurasian lakes using water temperature trends and threshold surface temperatures derived from MODIS data. International Journal of Remote Sensing, 28(10): 2163-2179.

Mätzler C. 1996. Microwave permittivity of dry snow. IEEE Transactions on Geoscience and Remote Sensing, 34(2): 573-581.

Menzel P, Strabala K. 1997. Cloud Top Properties and Cloud Phase Algorithm Theoretical Basis Document (Version 5). NASA, 55.

Mernild S H, Hasholt B. 2009. Observed runoff, jokulhlaups and suspended sediment load from the Greenland ice sheet at Kangerlussuaq, West Greenland, 2007 and 2008. Journal of Glaciology, 55(193): 855-858.

Mu L, Yang Q, Losch M, et al. 2018. Improving sea ice thickness estimates by assimilating CryoSat-2 and SMOS sea ice thickness data simultaneously. Quarterly Journal of the Royal Meteorological Society, 144(711): 529-538.

Murray T, Strozzi T, Luckman A, et al. 2002. Ice dynamics during a surge of Sortebræ, East Greenland. Annals of Glaciology, 34: 323-329.

O'Brien H W, Munis R H. 1975. Red and near-infrared spectral reflectance of snow. CRREL Research Report 332, AD-A007732: 5-6.

Parizek B R, Alley R B. 2004. Implications of increased greenland surface melt under global-warming scenarios: Ice-sheet simulations. Quaternary Science Reviews, 23(9): 1013-1027.

Park H, Kim Y, Kimball J S. 2016. Widespread permafrost vulnerability and soil active layer increases over the high northern latitudes inferred from satellite remote sensing and process model assessments. Remote Sensing of Environment, 175: 349-358.

Park S E, Bartsch A, Sabel D, et al. 2011. Monitoring freeze/thaw cycles using ENVISAT ASAR Global Mode. Remote Sensing of Environment, 115(12): 3457-3467.

Pastick N J, Jorgenson M T, Wylie B K, et al. 2013. Extending airborne electromagnetic surveys for regional active layer and permafrost mapping with remote sensing and ancillary data, Yukon Flats Ecoregion, Central Alaska. Permafrost and Periglacial Processes, 24(3): 184-199.

Perovich D K, Grenfell T C. 1981. Laboratory studies of the optical properties of young sea ice. Journal of

Glaciology, 96: 331-346.

Qiu Y B, Xie P F, Leppäranta M, et al. 2019. MODIS-based Daily Lake Ice Extent and Coverage dataset for Tibetan Plateau. Big Earth Data, 3 (2): 170-185.

Reynolds J, Hambrey M. 1988. The structural glaciology of George VI ice shelf, Antarctic Peninsula. Bulletin-British Antarctic Survey, (79): 79-95.

Rignot E. 2002. Mass balance of East Antarctic glaciers and ice shelves from satellite data. Annals of Glaciology, 34: 217-227.

Rignot E, Bamber J L, van den Broeke M R, et al. 2008. Recent Antarctic ice mass loss from radar interferometry and regional climate modelling. NatGeosci, 1: 106-110.

Rignot E, Thomas R H. 2002. Mass balance of polar ice sheets. Science, 297(5586): 1502.

Robin G D. 1958. Geophysical studies in polar regions—the Antarctic ice sheet. Geophysical Journal of the Royal Astronomical Society, (4): 347-351.

Robinson D A, Mote T L. 2014. MEaSUREs Northern Hemisphere Terrestrial Snow Cover Extent Weekly 100km EASE-Grid 2. 0, Version 1. [2017-5-20]. https: //doi. org/10. 5067/MEASURES/CRYOSPHERE/ nsidc-0531. 001.

Shi J C, Dozier J. 1997. Mapping seasonal snow with SIR-C/X-SAR in mountainous areas. Remote Sensing of Environment, 59(2): 294-307.

Shi J C, Dozier J. 2000. Estimation of snow water equivalence using SIR-C/X-SAR, part II: Inferring snow depth and particle size. IEEE Transactions on Geoscience and Remote Sensing, 38(6): 2475-2488.

Short N H, Gray A L. 2005. Glacier dynamics in the Canadian High Arctic from RADARSAT-1 speckle tracking. Canadian Journal of Remote Sensing, 31(3): 225-239.

Sneed W A, Hamilton G S. 2007. Evolution of melt pond volume on the surface of the Greenland Ice Sheet. The Cryosphere, 8(4): 1149-1160.

Stefano U, Massimo F, Stefano G, et al. 2008. Historical behaviour of Dome C and Talos Dome (East Antarctica) as investigated by snow accumulation and ice velocity measurements. Global and Planetary Change, 60: 576-588.

Sturm M, Holmgren J, Liston G E. 1995. A seasonal snow cover classification-system for local to global applications. Journal of Climate, 8(5): 1261-1283.

Surdu C, Duguay C, Pour H, et al. 2015. Ice freeze-up and break-up detection of shallow lakes in northern Alaska with spaceborne SAR. Remote Sensing, 7(5): 6133-6159.

Swithinbank C, Lucchitta B K. 1986. Multispectral digital image mapping of Antarctic ice features. Annals of Glaciology, 8: 159-163.

Tedesco M. 2014. Remote Sensing of the Cryosphere. New Jersey: John Wiley & Sons.

Thomas R H. 1973. The creep of ice shelves: Interpretation of observed behaviour. Journal of Glaciology, 12(64): 55-70.

Treuhaft R N, Siqueria P. 2000. Vertical structure of vegetated land surfaces from interferometric and polarimetric radar. Radio Science, 35(1): 141-177.

Tschudi M A, Maslanik J A, Perovich D K. 2008. Derivation of melt pond coverage on arctic sea ice using modis observations. Remote Sensing of Environment, 112(5): 2605-2614.

Unterschultz K D, Sanden J V D, Hicks F E. 2009. Potential of RADARSAT-1 for the monitoring of river ice: Results of a case study on the Athabasca River at Fort McMurray, Canada. Cold Regions Science & Technology, 55(2): 238-248.

van den Broeke M, Bamber J, Ettema J, et al. 2009. Partitioning recent greenland mass loss. Science, 326(5955): 984.

Wahr J, Molenaar M, Bryan F. 1998. Time variability of the Earth's gravity field: Hydrological and oceanic effects and their possible detection using Grace. Journal of Geophysical Research-solid Earth, 103(B12): 30205-30229.

Wang X, Liu L, Zhao L, et al. 2017. Mapping and inventorying active rock glaciers in the northern Tien Shan of China using satellite SAR interferometry. The Cryosphere, 11(2): 997-1014.

Wang Z, Letu H, Shang H, et al. 2019. A supercooled water cloud detection algorithm using Himawari-8 satellite measurements. Journal of Geophysical Research: Atmospheres, 124(5): 2724-2738.

Warren S G. 1982. Optical properties of snow. Review of Geophysics and Space Physics, 20(1): 67-89.

Weber F, Dan N, Hurley J. 2003. Semi-automated classification of river ice types on the Peace River using RADARSAT-1 synthetic aperture radar (SAR) imagery. Canadian Journal of Civil Engineering, 30(1): 11-27.

Weertman J. 1957. Steady-state creep of crystals. Journal of Applied Physics, 28(10): 1185-1189.

Williams R M, Ray L E, Lever J H, et al. 2014. Crevasse detection in ice sheets using ground penetrating radar and machine learning. IEEE Journal of Selected Topics in Applied Earth Observations and Remote Sensing, 7(12): 4836-4848.

Winther J G. 1994. Spectral bi-directional reflectance of snow and glacier ice measured in Dronning Maccel land, Antarctica . Annals of Glaciology, 20: 1-5.

Wong A P S, Bindoff N L, Forbes A. 1998. Ocean-ice shelf interaction and possible bottom water formation in Prydz Bay, Antarctica. Ocean, Ice, Atmosphere: Interactions at the Antarctic Continental Margin, 75: 173-187.

Yang Q, Losa S N, Losch M, et al. 2014. Assimilating SMOS sea ice thickness into a coupled ice-ocean model using a local SEIK filter. Journal of Geophysical Research: Oceans, 119(10): 6680-6692.

Zhang T, Frauenfeld O W, Serreze M C, et al. 2005. Spatial and temporal variability in active layer thickness over Russian Arctic drainage basin. Journal of Geophysical Research, 110: D16101.

Zhang Y. 1999. MODIS UCSB Emissivity Library. http: //www. icess. -ucsb. edu/modis/ EMIS/html/em. html. [2010-7-8].

Zuerndorfer B, England A W. 1992. Radiobrightness decision criteria for freeze/thaw boundaries. IEEE Transactions on Geoscience and Remote Sensing, 30(1): 89-102.

Zwieback S, Bartsch A, Melzer T, et al. 2012. Probabilistic fusion of K-u-and C-band scatterometer data for determining the freeze/thaw state. IEEE Transactions on Geoscience and Remote Sensing, 50(7): 2583-2594.